动物常见病特征与防控知识集要系列丛书

肉鸡常见病特征与防控知识集要

○ 史利军　主编

U0308294

中国农业科学技术出版社

图书在版编目（CIP）数据

肉鸡常见病特征与防控知识集要／史利军主编．—北京：中国农业
科学技术出版社，2015.1

（动物常见病特征与防控知识集要系列丛书）

ISBN 978 - 7 - 5116 - 1854 - 2

Ⅰ.①肉…　Ⅱ.①史…　Ⅲ.①肉鸡 - 鸡病 - 防治　Ⅳ.①S858.31

中国版本图书馆 CIP 数据核字（2014）第 241124 号

责任编辑　　徐　毅　褚　怡
责任校对　　贾晓红

出 版 者　　中国农业科学技术出版社
　　　　　　北京市中关村南大街 12 号　邮编：100081
电　　话　　(010)82106631(编辑室)　　(010)82109702(发行部)
　　　　　　(010)82109709(读者服务部)
传　　真　　(010)82106631
网　　址　　http://www.castp.cn
经 销 者　　各地新华书店
印 刷 者　　北京华忠兴业印刷有限公司
开　　本　　850mm×1168mm　1/32
印　　张　　7.75
字　　数　　190 千字
版　　次　　2015 年 1 月第 1 版　2015 年 1 月第 1 次印刷
定　　价　　20.00 元

动物常见病特征与防控知识集要系列丛书

《肉鸡常见病特征与防控知识集要》

编 委 会

编委会主任 史利军

编委会委员 史利军　袁维峰　侯绍华

胡延春　曹永国　王　净

刘　锴　秦　彤　金红岩

主　　　编 史利军

副 主 编 刘　锴　曹永国

编 写 人 员 (以姓氏笔画为序)

邓守全　刘佳丽　刘　燕　张贺楠

张　颖　岳卫东　金红岩　郭昌明

薛江东

序

我国家畜、家禽及伴侣动物的饲养数量与种类急剧增加，伴随而来的动物疾病防控问题越来越突出。动物疾病，尤其是传染病，不仅影响动物的健康生长，而且严重威胁到了畜主、基层一线人员自身的安全，该类疾病的发生引起了社会的广泛关注，所以有必要对主要动物疾病有整体的了解与把握。由于环境的改变、饲料种类与质量的变化等因素造成的动物普通病，严重制约了当前农村养殖业的稳定持续协调健康发展，必须高度重视这些问题。

为使全国广大养殖户及畜主重视动物疾病的防控，掌握动物疾病防控的基本知识和最新进展，并有针对性地采取相关措施，特编写该系列丛书。丛书让养殖户、畜主等基层一线读者系统全面地了解动物疾病防治的基础知识以及病毒性传染病、细菌性传染病、寄生虫病、营养缺乏和代谢病、普通病、繁殖障碍病等的临床表现与症状，找出治疗方法，正确掌握动物疾病的用药基本知识，做到药到病除。

该系列书从我国目前动物疾病危害及严重流行的实际出发，针对制约我国养殖生产水平、食品安全与公共卫生安全等关键问题，详细介绍各种动物常见病的防治措施，包括临床表现、诊治技术、预防治疗措施及用药注意事项等。选择多发、常发的动物普通病、繁殖障碍病、细菌病、病毒病、寄生虫病进行详细介绍。全书做到文字简练，图文并茂，通俗易懂，科学实用，是基层兽医人员、养殖户较好的自学教科书与工具书。

该系列丛书是落实农村科技工作部署，把先进、实用技术推广到农村，为新农村建设提供有力科技支撑的一项重要举措。丛书凝结了一批权威专家、科技骨干和具有丰富实践经验的专业技术人员的心血和智慧，体现了科技界倾注"三农"，依靠科技推动新农村建设的信心和决心，必将为新农村建设作出新的贡献。

丛书编写委员会

2014 年 9 月

前　言

作为畜牧业的重要组成部分，我国肉鸡产业经过几十年的持续发展，已成为农业和农村经济中的支柱产业，肉鸡业的持续发展对于提高人民生活水平将起到举足轻重的作用。肉鸡生产和价格大起大落、养殖户利益不稳定、饲养管理水平低、产品质量不高、突发疫情等问题，一直是困扰我国肉鸡产业发展的重要因素。因此，如何适应新形势，实现持续发展，增强国际竞争力，已成为当前我国肉鸡产业亟待解决的问题。目前，疫病仍然是影响全球肉鸡养殖业的最主要因素之一。在不同国家，其经济发展水平、鸡场管理措施和疾病防控策略的差异导致了肉鸡疾病发生情况呈现不同的特点。一般而言，发展中国家的肉鸡疾病种类、疾病发病率/死亡率、引起的经济损失均要明显高于欧美等西方发达国家。据估计，因疾病造成的损失占肉鸡总产值的 20% 以上。由此产生的生产成本加大、出口受限和公共卫生安全等问题严重制约行业进一步发展。

为使广大养殖场（户）相关人员了解常见的肉鸡疾病，有效防控肉鸡疾病的发生，提高生产效率，降低死亡率和淘汰率，特编写本书。本书对每种疾病从病因分析、流行特点、临床表现及特征、诊断及防控方法层面介绍，注重实际应用，结合最新文献资料，内容浅显、实用、易懂。

本书的编者来自以下单位：中国农业科学院北京畜牧兽医研究所（史利军），吉林大学动物医学学院（曹永国、郭昌明），内蒙古民族大学（刘锴、刘燕、张颖、邓守全、薛江东），内蒙古农业大学兽医学院（岳卫东），西藏职业技术学院（金红岩），吉林省动物卫生监督所（刘佳丽），中牧实业股份有限公司（张贺楠）。

由于作者水平有限，时间仓促，肯定有不足及错误之处，恳请读者批评指正。

编　者

2014 年 9 月于北京

目　　录

第一章 肉鸡的传染病

第一节 肉鸡的病毒性传染病

一、新城疫

新城疫又名亚洲鸡瘟，是由新城疫病毒引起的鸡和火鸡的一种急性高度接触性传染病，常呈败血症经过。主要特征是呼吸困难，下痢，神经机能紊乱，黏膜和浆膜出血，出血性纤维素性坏死性肠炎，脾、胸腺、腔上囊及肠壁淋巴滤泡等淋巴组织坏死等。该病发病急、致死率高，对养禽业的发展构成严重威胁。新城疫不仅会给禽类带来灾难性的损害，而且会引发国际间的贸易限制和封锁，造成更为严重的经济损失。世界动物卫生组织（OIE）将其列为必须报告的动物疫病，我国将其列为一类动物疫病。

1. 病原

引起该病的病原为鸡新城疫病毒，新城疫病毒是副黏病毒科、副黏病毒属的代表病毒，大小 120~300 纳米，RNA 病毒，有囊膜。病鸡的气囊和气管渗出物、脑、脾、肺以及各种分泌物和排泄物中都存在大量新城疫病毒。此外，在骨髓、睾丸和卵巢中也存在该病毒。新城疫病毒的抗原性是一致的，血清型仅一个，但不同的毒株致病力有较大差异，有的毒株可在 72 小时致死成年鸡，而有的毒株对雏鸡都未引起明显症状。根据其毒力，可将病毒分为3型：低毒力、中等毒力和强毒力。

2. 流行特点

鸡、火鸡、竹鸡、鸽、野鸡和鹌鹑都有易感性，以鸡最易感。不同品种和不同日龄的鸡易感性会有差异，纯种鸡和杂交鸡易感性高，幼龄鸡和中雏鸡易感性也高，两年以上鸡易感性较低。该病的主要传染源是病鸡和流行间歇期的带毒鸡及鸟类。病鸡由眼泪、鼻汁、咳痰、粪尿等排出大量病毒，一般多在出现症状前24小时即可排毒。多数鸡在症状消失后5~7天停止排毒，少数鸡在康复后15天甚至2~3个月仍可排毒。流行停止后的带毒鸡，常呈慢性经过，精神不好，有咳嗽和轻度的神经症状。带毒鸡是造成该病继续流行的原因之一。该病通过直接或间接接触感染，如飞沫、空气传染，传播途径主要是呼吸道和消化道。常通过病鸡群的转移和被污染的饲料、饮水、饲料袋以及人工车辆往来等传播，鸡蛋也可带毒传播该病，创伤及交配、野禽鸟、外寄生虫等均可机械地传播该病。

该病一年四季均可发生，但以春秋两季较多，特别取决于不同季节中新增鸡的数量、鸡只流动情况和适合病毒存活及传播的外界条件。如购入貌似健康的带毒鸡，并将其合群或宰杀，可使病毒散播。污染的环境和带毒的鸡群是造成该病流行的常见原因。易感鸡群一旦被强毒感染，可迅速传播并呈毁灭性流行，发病率和死亡率可达90%以上。

近年来，由于母源抗体、免疫程序、免疫方法、免疫质量、营养缺乏、其他传染病影响、环境不良等多种应激因素，造成鸡群免疫力不均衡，易在免疫鸡群发生非典型新城疫，非典型新城疫已经成为养鸡业的一个突出问题。国内报道分离出的病毒为变异了的基因Ⅶ型，常规疫苗已不能有效地控制该病，而且该病至少还存在5个基因亚型，因而只有采用当地的基因Ⅶ型毒株研制的灭活疫苗才能有效控制和防止疫情流行。

3. 临床症状与特征

（1）临床症状。

①最急性型：多见于流行初期，突然发病，常无特征性症状即突然死亡。多见于雏鸡。

②急性型：体温43~44℃，精神委靡，食欲缺乏，口渴，羽毛松乱，闭目缩颈似昏睡，头下垂或深入翅膀，翅、尾下垂。冠、髯暗红或黑紫色。嗉囊充满液体或气体，口腔和鼻分泌物增多，并由口流出挂于喙边。常摇头甩出鼻分泌物，倒提时常有大量酸臭液从口中流出。呼吸困难，常张口呼吸，并发出"咯咯"的喘鸣声或尖锐的叫声。粪稀薄，呈黄绿色或黄白色，有时混有血液，有恶臭，后期排出蛋清样的排泄物。产蛋鸡出现产蛋下降或停止，软壳蛋增加，褐色蛋色变浅。病程延长时出现咳嗽。后期体温下降，不久即死亡，病程为2~5天。有的病鸡，头向后勾、翻仰或至背上。1月龄内的雏鸡病程较短，症状不明显，但病死率高。

③亚急性或慢性型：病初症状与急性相似，不久症状减轻，但病鸡出现神经症状，翅、腿麻痹，站立不稳，运动失调，头向后或向一侧扭转，并常出现啄食不准，并随之屈颈侧身翻滚在地。有的一肢或两肢半瘫痪或瘫痪，极度消瘦，病程1~2个月，多数病鸡死亡。近几年来，在免疫鸡群中发生新城疫，往往表现亚临床症状或典型症状，发病率较低，一般在10%~30%，病死率15%~45%。主要表现呼吸道症状和神经症状，呼吸道症状减轻时即趋于康复。少数病鸡遗留头颈扭曲，产蛋鸡主要表现产蛋率下降和呼吸道症状。

（2）病理剖检变化。

①尸体外表变化：病死鸡尸僵发生较早，头常向后或呈"S"状弯曲。死于急性的鸡营养状况良好，病程较长的鸡则极度消瘦。病死鸡羽毛松乱，肛门周围沾有污粪。鸡冠和肉髯呈暗

紫色或暗红色。嗉囊充气，眼结膜出血，有时眼角膜混浊，头、颈、嗉囊和胸部皮下组织出现轻度水肿。

急性病例见脾脏肿大，后期缩小，有时切面可见白色透明小坏死点。胆囊肿胀，胆汁黏稠，并呈油绿色。输尿管积有大量白色尿酸盐。产蛋鸡输卵管和卵黄膜充血、出血，卵黄膜极易破裂，卵黄液流入腹腔常引起腹膜炎，胆囊变厚变黄，死于急性型的病鸡多呈败血症变化（图1-1）。

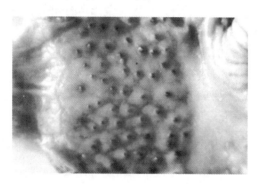

图1-1 病死鸡腺胃乳头出血

（图片引自 www.xumuren.cn）

4. 诊断

（1）综合诊断。根据鸡新城疫的流行病学特点、临床诊断和病理剖检变化3个方面进行综合诊断。该病的流行特点是以高度接触性传染和发病率及死亡率都较高为特征。一年四季都可发病，在冬季和春季流行较为普遍。凡是没有接种过鸡新城疫疫苗的鸡群，发现大量发病和死亡时，首先应当考虑到是否有发生鸡新城疫的可能性。该病临床症状的特点是发病较急骤，病鸡呼吸困难，发出特殊的"咯咯"声，口和鼻中有多量黏液，下痢且粪便呈黄白色或绿色。病程稍长的病鸡出现特殊的神经性症状。病鸡的剖检变化特点是腺胃黏膜出血以及小肠的出血坏死和形成溃疡等病变。

根据上述 3 方面的特点，可以作出初步诊断，并与传染性喉气管炎及鸡霍乱等相区别。该病的确诊，必须采用实验室方法分离病毒和进行血清学检验。

（2）鉴别诊断。

①禽流行性感冒：相似处：有传染性，病鸡体温高，委靡不食，羽毛松乱，头、翅下垂，冠髯暗红，鼻有渗出物，呼吸困难，发出"咯咯"声，腹泻，后期出现后腿麻痹。剖检可见腺胃、肌胃角质膜下出血，卵巢出血，脑充血，心冠有出血点。

不同处：禽流行性感冒病原为鸡 A 型流感病毒。眼结膜充血、肿胀，分泌物增多。喷嚏、咳嗽，鼻、咽部有灰色或红色渗出物。腹泻时粪便呈灰色、绿色或红色。头、颈、咽喉水肿。剖检可见鼻窦有浆液性、黏液性、纤维素性炎症。头、眼睑、肉髯、颈、胸部肿胀且组织呈淡黄色。肝、脾、肾、肺有黄色坏死灶。腹膜、心包有充血和积液，有些有纤维素性渗出物。红细胞血凝试验马、骡、驴、山羊、绵羊为阳性。

②鸡传染性法氏囊病：相似处：有传染性，病鸡腹泻，头、翅下垂，闭目昏睡，体温升高，剖检可见腺胃乳头周围有出血。

不同处：该病病原为法氏囊病病毒，病初自己啄肛，随后腹泻，粪便呈水样或白色黏稠状，因脱水病鸡趾爪干燥，眼窝凹陷。剖检可见胸肌色暗和大腿侧肌肉常见条纹或斑块状紫红色出血。法氏囊肿大 2～3 倍，壁增厚 3～4 倍，质硬，呈浅黄色或有明显出血，黏膜皱褶上有出血点或出血斑，水肿液呈淡粉红色，浆膜下有黄色胶冻样水肿液。琼脂扩散试验为阳性。

③鸡马立克氏病：相似处：有传染性，病鸡翅膀麻痹，运动失调，嗉囊扩张，采食困难，拉稀，精神委顿。

不同处：该病病原是马立克氏病病毒。神经型表现翅肢一侧或两侧麻痹，蹲伏时一腿向前伸，一腿向后伸。内脏型表现为鸡大多精神萎靡，几天后部分共济失调，一肢或两肢麻痹。眼型虹膜失去正常色素，瞳孔边缘不整齐。皮肤型翅、颈、背、尾上方皮肤有玉米至蚕豆大的肿瘤。剖检可见受害神经增粗并呈黄白色、灰白色，各内脏有大小不等的灰白色质坚的肿块。将羽毛剪毛尖后放入琼脂外周检验孔内 2～3 天，羽毛与中央孔之间出现沉淀线判为阳性反应。

④鸡传染性喉气管炎：相似处：有传染性，病鸡冠髯发紫，流鼻液，张口呼吸，发出"咯咯"声，排绿色稀粪。

不同处：该病病原为喉气管炎病毒。病鸡有结膜炎、流泪。吸气时头向后仰，张口吸气，病情严重时有痉挛性咳嗽，咳出带血黏液并溅于鸡身、墙壁、垫草上。剖检可见喉部气管黏膜充血肿胀，气管中有含血黏液和血块。用荧光抗体法、琼脂扩散试验和酶联免疫吸附试验均可确诊。

⑤禽巴氏杆菌病：相似处：有传染性，病鸡体温高，闭目，垂翅，冠髯紫红，口鼻分泌物增多，呼吸困难，拉稀并混有血液。剖检可见全身黏膜、浆膜出血，心冠脂肪有出血点。

不同处：病原为巴氏杆菌。除鸡外，鸭、鹅也可感染。冠髯急性紫红色水肿并有热痛，随后为慢性苍白水肿坏死。不出现翅肢麻痹。亚急性型关节发炎肿胀，一般病程 1～3 天。剖检可见胸腹腔、气囊腔浆膜上有纤维素性或干酪样灰白色渗出物。用血液、肝、脾涂片，美蓝或瑞氏染色镜检可见两极着色的卵圆形短杆菌。

⑥禽亚利桑那菌病：相似处：有传染性，病鸡体温高，委靡，食欲缺乏，羽毛松乱，翅下垂，下痢且粪便黄绿色，头歪曲，运动失调，啄食不准确。

不同处：病原为亚利桑那菌。成年鸡感染不出现症状，结膜炎有白色分泌物，眼睑肿大几倍，角膜混浊，严重失明。剖检可见腹膜炎，卵黄吸收不良，肝大发炎，有淡黄色斑点。盲肠有干酪样物。胆囊肿大几倍并充满黏稠液体。从死胚的肝、脾、心血、卵黄囊蛋壳膜可分离到亚利桑那菌。

⑦鸡肌胃糜烂病：相似处：病鸡毛松乱，厌食，闭目缩颈，嗉囊胀满，有液体，倒提时从口中流出液体，拉稀。

不同点：病因是因食入超量鱼粉而发病。从口中流出黑色液体，喙、趾黄色消失，排黑褐色稀粪。剖检可见：嗉囊充满黑色液体；腺胃壁增厚，乳头突起，有黑色黏液；肌胃体积增大，胃壁变薄松软，内容物呈黑褐色；病初肌胃有出血点，后有糜烂，甚至穿孔。饲料停喂 2～5 天即可使发病率减少，症状减轻。

5. 防制

（1）预防。

①加强卫生管理，防止病原体侵入鸡群：禁止从污染地区引进种鸡或雏鸡，也不要从这些地区购买饲料、养鸡设备等，禁止无关人员进入鸡场，并防止飞鸟和其他野生动物的侵入。在饲养管理上，应实行全进全出的饲养管理制度，以防病原体接力传染，定期带鸡消毒。

②定期预防接种，增强鸡群的特异免疫力：有条件的鸡场最好根据抗体血凝抑制效价监测结果来确定免疫的最适时间。首免时间可根据如下公式进行推算：雏鸡出壳后，抽检 0.5% 雏鸡的血凝抑制抗体效价，并求其对数平均值，然后计算首免时间。首免日龄 = 4.5 ×（1 日龄血凝抑制抗体对数值 － 4）＋ 5。平时应待抗体效价降到 1∶64～1∶128 以下时进行免疫。免疫后 10～14 天抽检，抗体效价比免疫前提高两个滴度方可以认为免疫成功，否则应重新免疫。

没有监测条件的鸡场可参照以下免疫程序进行。

肉种鸡：7～8 日龄用Ⅳ系疫苗点眼或滴鼻进行首免。同时，颈部皮下注射新城疫油乳剂灭活疫苗；30 日龄用Ⅳ系疫苗点眼或滴鼻；70 日龄用新城疫Ⅳ系疫苗 4 倍量饮水；90 日龄用新城疫Ⅳ系疫苗 4 倍量饮水；120 日龄用新城疫Ⅳ系疫苗 4 倍量饮水，同时，肌肉注射新城疫油乳剂灭活疫苗；产蛋后，每隔两个月左右，用新城疫Ⅳ系疫苗饮水加强免疫一次。

商品肉鸡：8 ~ 9 日龄新城疫Ⅳ系疫苗点眼、滴鼻。同时，颈部皮下注射新城疫油乳剂灭活疫苗；25 日龄新城疫Ⅳ系疫苗 4 倍量饮水；40 日龄用Ⅳ系疫苗 4 倍量饮水。

（2）治疗。鸡群发病后，无特异治疗方法，应采取紧急免疫的措施。可视鸡的日龄大小，分别用新城疫Ⅳ系疫苗 3 ~ 4 倍量饮水。发病鸡尽量避免使用Ⅰ系疫苗注射，以免通过针头传播强毒而引起大批死亡。

二、禽流感

禽流感是由 A 型流感病毒引起的一种感染综合征。本病于 1878 年首次发现于意大利。目前，几乎遍布世界各地。

1. 病原

A 型流感病毒属正粘病毒科、正粘病毒属中的病毒。该病毒的核酸型为单股 RNA，病毒粒子一般为球形，直径为 80 ~ 120 纳米，但也常有同样直径的丝状形式，长短不一。病毒粒子表面有血凝素（HA）和神经氨酸酶（NA）。HA 和 NA 是病毒表面的主要糖蛋白，具有种（亚型）的特异性和多变性，在病毒感染过程中起着重要作用。迄今已知有 16 种 HA 和 10 种 NA，不同的 HA 和 NA 之间可能发生不同形式的随机组合，从而构成许许多多不同亚型。据报道现已发现的流感病毒亚型至少有 80 多种，其中，绝大多数属非致病性或低致病性，高致病性亚型主要是含 H5 和 H7 的毒株。

2. 流行特点

流感在家禽中以鸡和火鸡的易感性最高，其次是珠鸡、野鸡和孔雀。鸭、鹅、鸽、鹧鸪、鹌鹑、麻雀等也能感染。感染禽从呼吸道、结膜和粪便中排出病毒。因此，可能的传播方式有感染禽和易感禽的直接接触和包括气溶胶或暴露于病毒污染的间接接触两种。因为感染禽能从粪便中排出大量病毒，所以，被病毒污染的任何物品，如鸟粪和哺乳动物、饲料、水、设备、物资、笼具、衣物、运输车辆和昆虫等，都易传播疾病。本病一年四季均能发生，但冬春季节多发，夏秋季节零星发生。气候突变、冷刺激，饲料中营养物质缺乏均能促进该病的发生。本病能否垂直传播，现在还没有充分的证据证实，但当母鸡感染后，鸡蛋的内部和表面可存有病毒。人工感染母鸡，在感染后 3~4 天几乎所产的全部鸡蛋都含有病毒。

3. 临床表现与特征

（1）临床症状。

该病的潜伏期较短，一般为 4~5 天。因感染禽的品种、日龄、性别、环境因素、病毒的毒力不同，病禽的症状各异，轻重不一。

最急性型：多由高致病力流感病毒引起，病禽不出现前驱症状，发病后急剧死亡，死亡率可达 90%~100%。发病稍慢的可见腿部皮肤出血，鸡冠出血、坏死，呈紫黑色。

急性型：为目前世界上常见的一种病型。病禽表现为突然发病，体温升高，可达 42℃ 以上。精神沉郁，叫声减小，缩颈，嗜睡，眼呈半闭状态。采食量急剧下降，可减少 15%~50%，嗉囊空虚，排黄绿色稀便。病禽呼吸困难、咳嗽、打喷嚏、张口呼吸，突然尖叫。眼肿胀流泪，初期流浆液性带泡沫的眼泪，后期流黄白色脓性分泌物，眼睑肿胀，两眼突出，肉髯增厚变硬，向两侧开张，呈"金鱼头"状。也有的出现抽搐，头颈后扭，运动失调，瘫痪等神经症状。产蛋鸡感染后，2~3 天产蛋量即开始下降，7~14 天可使产蛋率由 90% 以上降到 5%~10%，严重的将会停止产蛋；同时，软壳蛋、无壳蛋、褪色蛋、砂壳蛋增多，持续 1～5 周后产蛋率逐步回升，但恢复不到原有的水平，一般经 1.5～2 个月逐渐恢复到下降前产蛋水平的 70%～90%。种鸡感染后，除上述症状外，可使受精率下降 20%～40%，并致 10%～20% 的鸡胚于一周内死亡，且弱雏增多。雏鸡在一周内死亡率较高，且易感染大肠杆菌病（图 1-2）。

图 1-2 病鸡精神沉郁，呼吸困难，冠髯暗红，
拉灰白色或黄绿色黏液样稀粪

（图片引自 www.xumuren.cn）

（2）病理变化。最急性死亡的病鸡常无眼观变化。

急性者可见头部和颜面水肿，鸡冠、肉髯肿大达 3 倍以上；皮下有黄色胶样浸润、出血，胸、腹部脂肪有出血斑，心冠脂肪出血，心外膜有点状或条纹状坏死，心肌软化。消化道变化表现为腺胃乳头水肿、出血，肌胃角质层下出血，肌胃与腺胃交界处呈带状或环状出血；十二指肠、盲肠扁桃体、泄殖腔充血、出血；肝、脾、肾脏淤血肿大，有白色小块坏死；气管中有大量炎性分泌物、气管环出血；胸腺萎缩，有程度不同的点、斑状出血；母鸡卵泡充血、出血，卵黄液变稀薄；严重者卵泡破裂，卵黄散落到腹腔中，形成卵黄性腹膜炎。输卵管水肿、充血，内有浆液性、黏液性或干酪样物质。公鸡睾丸变性坏死。

4. 诊断与鉴别诊断

由于本病的临床症状和病理变化差异较大，所以，确诊必须依靠病毒的分离、鉴定和血清学试验。本病在临床上与新城疫的症状及剖检变化相似，应注意鉴别。

（1）诊断。从流行病学看：发生在按常规免疫接种新城疫疫苗的鸡群，发病后紧急预防接种新城疫疫苗无效，甚者增加死亡；流行面大，传播速度快，潜伏期3～5天。

从症状看：无明显的特征性，极易与新城疫混淆，注意从剖检变化上鉴别。

从剖检变化看：肌胃、腺胃出血，皮下、气囊、腹腔等有纤维素样渗出物沉积，胰腺有白色的坏死点，腿、趾部皮下有红色的出血点等。上述变化对禽流感有一定的诊断意义。

实验室诊断：较实用的方法是琼脂扩散试验或血凝抑制试验，未免疫接种过禽流感疫苗的鸡群，如果血清学试验呈阳性，即可确诊感染禽流感。要鉴定毒株或亚型，则需要，用一套特异性抗血清来鉴定病毒囊膜表面蛋白抗原（红细胞凝集素和神经氨酸酶）类型，但较烦琐。

（2）鉴别诊断。禽流感的临诊表现很复杂，相似的疾病较多。对商品肉鸡而言，主要应注意与新城疫、大肠杆菌病和慢性呼吸道病的鉴别。

与新城疫的鉴别：在全群症状较重、死亡率比较高的情况下，新城疫应具备以下症状和剖检变化：流涎、嗉囊充满唾液、体积增大；十二指肠、空肠和回肠有枣核样出血、肿大、坏死等病变。而禽流感则极少见。新城疫少见胰腺坏死、出血和纤维素性腹膜炎。

与大肠杆菌病鉴别：大肠杆菌病的传播速度较慢，不会出现大群鸡采食量下降，用大肠杆菌敏感的药物治疗，有明显的疗效。禽流感则不会。

与慢性呼吸道病鉴别：慢性呼吸道病病情轻、死亡率极低，无腺胃、肌胃出血，脚趾出血，无皮下胶冻样水肿或纤维素样物渗出等病变。

5. 防制

（1）处理。该病属法定的畜禽一类传染病，危害极大，故一旦暴发，确诊后应坚决彻底销毁疫点及 3 千米以内的禽只及有关物品，执行严格的封锁、隔离和无害化处理措施。对 3~5 千米范围进行紧急免疫，严禁外来人员及车辆进入疫区，禽群处理后，禽场要全面清扫、清洗、消毒、空舍至少 3 个月。对低致病性禽流感，在严格隔离的条件下，可对症治疗，以减少损失。本病无特效药物，临床常采用抗病毒药，控制流感病毒的复制。补充电解质和使用免疫增强剂来增强体质提高免疫力。

抗病毒药物如病毒唑 0.01%~0.05% 饮水，连用 5~7 天，或盐酸金刚烷胺或盐酸金刚乙胺 0.05% 拌料连用 5~7 天。也可用板蓝根 2 克/只/日，大青叶 3 克/只/日，粉碎后拌料，配合防制；或用清瘟败毒散拌料，每只鸡 1~1.59 克。

抗菌药物如环丙沙星或培福沙星等 0.005% 饮水，连用 5~7 天，以防止大肠杆菌、支原体等继发感染与混合感染。

使用聚肌苷可激活机体免疫系统，诱导机体产生干扰素干扰病毒复制或直接用干扰素 3 倍量饮水或注射。还可使用海藻多糖、黄芪多糖等免疫增强剂，可以显著激活活性淋巴因子，提高体液免疫和细胞免疫水平，解除免疫抑制和免疫缺陷，为机体全面康复打下良好基础。

补充维生素和电解质（电解多维）。

（2）预防。禽流感发病急，死亡快，一旦发生损失较大，所以应高度重视对该病的预防。

①加强饲养管理：严格执行生物安全措施，加强禽场的防疫

管理，禽场门口要设消毒池，谢绝参观，严禁外人进入禽舍，工作人员出入要更换消毒过的胶靴、工作服，用具、器材、车辆要定时消毒。禽舍的消毒可选用二氯异氰尿酸钠或二氧化氯以强力喷雾器作喷洒消毒。粪便、垫料及各种污物要集中作无害化处理；消灭禽场的蝇蛆、老鼠、野鸟等各种传播媒介。建立严格的检疫制度，种蛋、雏禽等产品的调入，要经过兽医检疫；新进的雏禽应隔离饲养一定时期，确定无病者方可入群饲养；严禁从疫区或可疑地区引进家禽或禽制品。加强饲养管理，避免寒冷、长途运输、拥挤、通风不良等因素的影响，增强家禽的抵抗力。

②免疫预防：尽量使用与本地流行病毒有同一抗原性的病毒灭活制成的疫苗，才能有效预防本病，接种后两周产生保护力，可以抵抗本血清型的流感病毒，抗体维持时间为 10 周。首免可在 15 日龄每只颈部皮下注射 0.3 毫升；二免在 45 日龄每只颈部皮下注射 0.5 毫升；三免在开产前 2～3 周，肌肉注射 0.5 毫升；四免在 35 周龄，肌肉注射 0.5 毫升。

三、传染性法氏囊病

鸡传染性法氏囊病是由鸡传染性法氏囊病毒引起的传染性疾病。该病呈现发病快、发病率高和病程短的特点，鸡患病表现为萎靡不振、食欲下降和腹泻等症状。法氏囊内 B 淋巴细胞受病毒损害，致使鸡的免疫功能受到抑制。该病的主要发病群体为 3～6 周龄的仔鸡。鸡传染性法氏囊病毒侵入鸡的免疫中枢器官法氏囊，阻碍鸡体内相应抗体的形成，致使鸡的免疫抵抗力下降。同时，由于免疫功能受阻，直接影响机体对疫苗的免疫接收作用，降低对其他传染病的抵御能力，使得雏鸡对其他疾病的易感性升高，给养殖业带来经济损失。

1. 病原

传染性法氏囊病病毒属于双 RNA 病毒科、双 RNA 病毒属的病毒。该病毒无囊膜、二十面体对称，病毒粒子的直径为 58～60 纳米。该病毒有两个血清型：Ⅰ和Ⅱ型。这两个血清型可用中和试验鉴定。血清Ⅰ型病毒由鸡中分离，Ⅱ型来源于火鸡。据报道Ⅰ型病毒在火鸡中有传染性，但无致病性。血清Ⅱ型病毒对鸡无致病力。病毒中和试验表明两株病毒的抗原性不同，但具有某些共同的抗原成分。

2. 流行特点

该病主要感染鸡，除鸡外，鸭、鹅也能感染发病。各品种的鸡都能感染，其中白来航鸡反应最重，死亡率最高。鸡对本病的易感日龄为 3～6 周龄，最早见于 5 日龄，最晚见于 180 日龄。多数雏鸡感染后不表现临床症状，但结果导致严重的免疫抑制。此病常常发病突然、迅速，感染此病后第 3 天就开始出现死亡，5～7 天达到死亡高峰，以后很快就停下来，具有一过性的流行特点。死亡率差异很大，有的为 3%～5%，有的为 15%～20%，发病严重的鸡群可以达到 60% 以上。此病如果和新城疫、鸡支原体病、大肠杆菌病等混合感染，可以引起大量死亡。

本病一年四季都能发生，但以 6～7 月发病较多。本病的传播方式是通过直接接触而感染，也可通过带毒的中间媒介物，如饲料、饮水、垫料、尘土、空气、用具、昆虫等而传播。本病主要通过消化道而感染，也可通过呼吸道感染。

近年来，由于养鸡户饲养技术逐步提高，在有限的饲养场里超负荷增加饲养量，造成饲养密度过大，雏鸡抗病力下降，加之消毒药物使用不合理，导致法氏囊病毒长期存在。另外，免疫程序与方法不合理及母源抗体的干扰等都能够导致该病的发生。

3. 临床表现与特征

（1）临床表现。本病的特征是幼中雏鸡突然发病，羽毛逆立无光泽，嘴插入羽毛中，常蹲在墙角下，严重时卧地不动。随后病鸡排白色奶油状粪便，食欲减退，饮水增加，嗉囊中充满液体。部分鸡有自行啄肛现象。出现症状后1～3天死亡，群体病程一般不超过2周。鸡场初次爆发本病时症状典型，死亡率高，以后雏鸡发病症状减轻，甚至呈隐性经过。耐过的雏鸡常出现贫血、消瘦、生长迟缓，并对多种疫病易感。本病的感染率为100%，死亡率一般在10%～30%，但若混合感染或继发其他疫病，死亡率会更高（图1-3）。

图1-3 病雏精神沉郁，两翅下垂，缩颈，闭目，嗜睡，排出灰白色石灰浆样稀粪

（图片引自 www.xumuren.cn）

（2）病理变化。法氏囊是本病毒侵害的靶器官，其病变具有证病意义。在感染早期，法氏囊由于充血、水肿而肿大。感染2～3天后法氏囊的水肿和出血变化更为明显，其体积和重量增大到正常的2倍左右。此时法氏囊的外形变圆，浆膜覆盖有淡黄色胶冻样渗出物，表面的纵行条纹显而易见，法氏囊本身由正常的白色变为奶油黄色，严重时出血，法氏囊呈紫黑色、紫葡萄状。切开囊腔后，常见黏膜皱褶有出血点或出血斑，囊腔中有脓性分泌物。感染5天后，法氏囊开始缩小，第8天后仅为原来重量的1/3左右，此时法氏囊呈纺锤状，因炎性渗出物消失而变为深灰色。有些病程较长的慢性病例，外观法氏囊的体积虽增大，但囊壁变薄，囊内积存干酪样物。

肝脏一般不肿大，呈土黄色，死后由于肋骨压迹而呈红黄相间的条纹状，周边有梗死灶。在腺胃与肌胃交界处，腺胃与食道移行部交界处有出血带。盲肠扁桃体肿大、出血。肾脏肿胀，输尿管中有白色的尿酸盐沉积。严重者在病鸡的腿部、腹部及胸部肌肉呈现出血条纹或出血斑。

4. 诊断与鉴别诊断

（1）诊断。根据流行特点、症状和剖检变化可作出初步诊断。进一步确诊需进行病毒分离及血清学试验。常见的诊断方法有以下几种。

①病毒分离鉴定：感染该病的鸡在感染后的 2～3 天，其法氏囊中病毒含量较高。对其进行灭菌处理，并离心生理盐水悬液，将上清液取出加抗生素处理 1 小时，经绒毛尿囊膜接种 7～10 天，受感染的鸡一般在 4～7 天死亡。采用中和实验鉴别分离的病毒。

②琼脂扩散试验：该方法常用于对法氏囊病的诊断，可利用患鸡体内产生的法氏囊病毒抗体有效查出特异性抗原，但却无法区分血清型。由于变异毒株不会引发鸡胚坏死，仅诱发肝坏死和脾大，所以，可采用中和试验加以诊断，并进一步采取 RT-PCR 方法进行酶切分析，最终确定血清 I 型的经典株和变异株。

③易感染的鸡感染接种试验：取感染、病死的鸡法氏囊处理成悬液，对易感染的鸡进行口服和滴鼻处理，使得易感染鸡在 3 周左右感染。在患鸡死亡后，解剖有特征性病变的法氏囊。

（2）鉴别诊断。传染性法氏囊的病变是法氏囊病的特征，但是有一些疫病也能引起法氏囊的病变，要加以区别。

①鸡新城疫：鸡新城疫可见法氏囊出血，腺胃出血，但法氏囊不表现黄色胶冻样水肿，病愈鸡不出现法氏囊萎缩，大多数病鸡有呼吸道症状及神经症状。

②传染性支气管炎：肾型传染性支气管炎，主要表现肾肿胀、输尿管内有尿酸盐沉积，但无法氏囊肿胀、出血病变。

③马立克氏病：马立克氏病有时也见法氏囊肿大或萎缩，但往往有典型的神经症状及内脏器官的肿瘤病变。

④磺胺类药物中毒：鸡磺胺类药物的用量连续 5 日超过 0.5% 时，可引起鸡中毒。当磺胺类药物中毒，可见肾脏苍白、肿大，胸肌、腿肌出血，法氏囊呈灰黄色但无法氏囊肿大、出血的病变。

⑤禽流感：鸡禽流感可见法氏囊出血，腺胃出血，大多数病鸡有呼吸道症状及神经症状，但法氏囊不表现黄色胶冻样水肿，鸡病愈后不出现法氏囊萎缩。

⑥其他疾病：鸡肾病：有肾病的表现，法氏囊萎缩，呈灰色，但不如法氏囊病所致的萎缩严重；鸡传染性贫血：法氏囊萎缩不明显，但其外壁呈半透明状态，严重贫血时可见肝脏肿大，皮下肌肉出血；鸡缺水：因缺乏饮水而死亡的鸡，法氏囊萎缩，呈灰色。

此外，诊断时关键应注意法氏囊及肝脏的变化，传染性法氏囊病时，法氏囊肿胀失去弹性，外周有一层胶冻状水肿，肝脏呈红黄相间的条纹状。而上述疾病无此变化。败血型大肠杆菌时法氏囊弥漫性潮红，易与传染性法氏囊病相混淆，但此时不肿大，柔软，有弹性。

5. 防制

（1）预防。传染性法氏囊病的发生主要是通过接触感染，所以，平时应加强卫生管理，定期消毒。免疫接种是控制传染性法氏囊病的主要方法，特别是种鸡群的免疫，以提高雏鸡母源抗体水平，防止雏鸡早期感染。目前，使用的疫苗有两类，活毒疫苗和灭活苗，活毒疫苗中又分为弱毒苗和中毒苗。由于母源抗体水平、当地污染情况、鸡场性质、饲养管理方式不同，因此，在生产实践中，应根据本场情况综合考虑，选择适宜的疫苗和可行的免疫程序。在生产中可参考以下几种方案。

①种鸡群免疫：2~3周龄弱毒疫苗饮水；4~5周龄中等毒力疫苗饮水；开产前油佐剂灭活疫苗肌肉注射。

②商品鸡群免疫：14日龄弱毒疫苗饮水；21日龄弱毒疫苗饮水；28日龄中等毒力疫苗饮水。

（2）治疗。

①抗血清治疗：利用病愈鸡的血清或人工高免鸡的血清，给刚发生法氏囊病的鸡进行紧急接种，用量一般为0.1~0.2毫升，治疗效果较好。

②高免卵黄抗体治疗：为了减少感染鸡群中患法氏囊病的鸡只死亡率或者让雏鸡安全度过生理性免疫缺陷期，可以给鸡注射高免疫蛋黄匀浆制剂，用量一般为每只病鸡0.5~10.0毫升，效果明显。预防注射时间应在此病的高发日龄前或发病早期。也可以采用高免蛋黄对患法氏囊病的鸡群进行紧急治疗，效果较好，但也存在一些问题，如制备卵黄抗体的母鸡多来自商品鸡，有时有些疫病可以通过蛋黄液发生垂直传播或者扩散，例如，常见的禽白血病、减蛋综合征、鸡贫血病毒病、支原体、大肠杆菌病、沙门氏菌病等，这些疫病都会给鸡场带来严重的经济损失，后果严重。

③增强体质、防止继发感染：为避免病鸡脱水衰竭死亡，可饮口服补液盐以补充体液。由于法氏囊是一个免疫器官，患传染性法氏囊病后，使机体的免疫机能下降，抵抗力降低，这时鸡易患球虫病、大肠杆菌病等。所以，除加强消毒外，饲料中应添加抗生素防止继发感染可用阿莫西林或氟苯尼考饮水3~5天，同时，整群投喂黄芪多糖＋电解多维＋维生素（维生素C、K、B），以维持鸡的代谢平衡，增强病鸡的整体抗病力和免疫力，加速病鸡康复。

（3）中药治疗。对患鸡进行中药治疗。常见的有效的治疗方法有：①喂食喹诺酮，按照患鸡体重每千克每日 2 片的标准，持续口服 3 天；②板蓝根、紫草、茜草和甘草各 50 克，绿豆 500 克水煎，取煎汁拌料喂服或一煎拌饲料，二煎作饮水服用，对重症鸡灌服，持续 3 天；③党参、黄芪、金银花、板蓝根和大青叶各 25 克，蒲公英 30 克，艾草 10 克，蟾蜍 1 只。首先将蟾蜍放于沙罐中加水煮沸，将其余几味中药置入，文火煎煮，给患鸡喂食，每日 3 次。药液可直接饮用，亦可拌饲料饲喂，效果良好。④黄芪、板兰根、茯神、大青叶、槐实各 50 克，栀子、连翘、丹参、白芷、地榆、大蓟、瞿麦各 30 克，甘草 20 克，经粉碎、水煎、过滤、制粒、烘干制成颗粒剂，备用。每剂 500 克，每只鸡每日用药 1 克。1 日投药 3 剂，共投药 5 日。每 3 剂煎汤 2 次，1 日给药 2 次。⑤经口喂服板二黄散，0.8 克/千克体重，2 次/日，连用 5 日。⑥将老鹳草置于容器中水浸 2h，按常规方法煎熬，制成含生药 1 克/毫升的药液，装瓶密封灭菌备用。将老鹳草药液按 1%的浓度添加于饮水中，让鸡自饮，3 次/日。

6. 防治常出现的问题

（1）疫苗贮存方法不当。疫苗制备产出至接种应用到畜禽的整个过程，都应按规定贮存，特别是疫苗的运输也要在低温条件下进行，疫苗购买后应放在冰箱内贮藏，有停电记录的地区，而本场又没有相应的应急设备和措施，可能导致疫苗失效。

（2）免疫方法不当。免疫前未限水或饮水器内加水量过多，使配制的疫苗未能在规定的有效时间内饮完而影响剂量，另外，用奶粉代替牛奶，奶粉需用开水溶解，然后稀释再加入到饮水中，奶粉溶解后是否冷却，假如没有冷却就会使饮水温度过高直接导致疫苗失效。

（3）病毒株抗原变异。有报道认为鸡法氏囊病易出现变异株，某鸡场 2 次发生免疫失败，有可能是毒株发生了抗原性变异，导致现行法氏囊病疫苗免疫预防失败，但本场未曾作病毒培养、分离等试验。

（4）雏鸡母源抗体较高导致免疫失败。分析发生鸡法氏囊病免疫失败原因：①可能是在免疫过程中的技术性错误造成，因为只有在疫苗质量好，保存、使用方法得当，剂量合适，雏鸡健康状况良好，没有饲喂能抑制机体抗体产生的药物时，免疫才会达到理想的效果；②可能是毒株的变异造成，尽管在养禽业中对法氏囊病采用疫苗进行预防，但由于病原不断变异，完全单独依赖于疫苗不能彻底解决疫病防治问题。因此，应从提高家禽的内在免疫功能，通过增强其自身的抗病力，达到预防疫病的目的，进行科学饲养管理、改善环境、注意饮水清洁、通风等是增强鸡自身免疫抗病能力的有效方法。

四、鸡马立克氏病

鸡马立克氏病是由马立克氏病病毒引起的一种淋巴组织增生性疾病。其特征是外周神经、性腺、虹膜、各内脏器官、肌肉和皮肤等发生淋巴样细胞增生、浸润和形成肿瘤性病灶。

1. 病原

马立克氏病病毒属于疱疹病毒的 B 亚群病毒。这种病毒的裸体粒子或核衣壳直径为 85～100 纳米，具有囊膜的病毒粒子其直径达 130～170 纳米。它于羽毛囊上皮细胞中形成的有囊膜的病毒粒子特别大，其直径可达 273～400 纳米。

病毒在机体组织中，有两种存在形式：一种是没有发育成熟的病毒，称为不完全病毒，主要存在于肿瘤组织及白细胞中，此种病毒离开活体组织和细胞很容易死亡；另一种是发育成熟的病毒，称为完全病毒，存在于羽毛囊上皮细胞及脱落的皮屑中，对外界环境的抵抗力强，在传播本病方面有重要作用。

根据抗原性不同，马立克氏病病毒可分为 3 个血清型，即血清Ⅰ型、Ⅱ型和Ⅲ型。血清Ⅰ型病毒能引起肿瘤的发生，而血清Ⅱ型和Ⅲ型无致癌性。

马立克氏病病毒对刚出壳的雏鸡有明显的致病力，因此，雏鸡是重要的实验动物。腹腔接种马立克氏病病毒的雏鸡常于接种后2~4周，于某些器官、神经中产生显微镜下的病变，接种3~6周可产生眼观的组织病变。接种雏鸡的发病、死亡以及病变产生的严重程度是与鸡的品种以及病毒的毒力有着重要的关系。

在自然条件下，从羽毛囊上皮排出的病毒因其具有保护性物质，在鸡舍的尘埃中能长时间存在，在室温下生存4周以上。病鸡鸡粪与垫草在室温下可以保持传染性达16周之久，在温度较低的条件下，其生存时间更长。

2. 流行特点

本病的易感动物是鸡，据报道，火鸡、山鸡也能感染发病。病鸡和带毒鸡是本鸡的传染源，感染鸡的羽毛囊上皮中有套膜的病毒粒子可脱离细胞而存在，自病鸡脱落带病毒的皮屑，对外界有很强的抵抗力，常和尘土一起随空气到处传播而造成污染。病鸡与易感鸡直接或间接接触是本病的重要传播方式。病毒主要经呼吸道进入鸡体内，很快分布到全身。鸡一旦感染后可长期带毒与排毒。马立克氏病病毒对初生雏鸡的易感性高，1日龄雏鸡的易感性比成年鸡大1 000~10 000倍，比50日龄鸡大12倍。病鸡终身带毒排毒，母鸡的发病率比公鸡高。不同病毒株毒力差异很大，B14、JM毒株主要侵害神经，HRP-16、GA、RPL-39毒株主要侵害内脏。马立克氏病的发病率与鸡的品种，病毒毒力以及饲养管理的方式有关。有些鸡的品种对本病高度敏感，而另一些品种有明显的抵抗力。若饲养管理条件差、饲养密度高，感染的机会就增加。本病不经蛋内传染，但若蛋壳表面残留含有病毒的尘埃、皮屑又未经消毒就可造成马立克氏病的传染。

本病具有高度接触传染性，直接或间接接触都可传染。病毒主要随空气经呼吸道进入体内，其次是消化道。病毒进入机体后，首先在淋巴系统，特别是在法氏囊和胸腺细胞中增殖，然后在肾脏、毛囊和其他器官的上皮中增殖，同时出现病毒血症。其结果可以出现症状，也可能保持潜伏性感染，这随病毒的毒力、宿主的抵抗力及外界其他应激因素的影响而定。因此，病毒一旦侵入易感鸡群，其感染率几乎可达100%，但发病率却差异很大，可从百分之几到70%～80%，发病鸡都以死亡为转归，只有极少数能康复。

3. 临床表现与特征

（1）临床症状。本病是一种肿瘤性疾病，从感染到发病有较长的潜伏期。1日龄雏鸡接种后第2或第3周开始排毒，第3～4周出现症状及眼观病变，这是最短的潜伏期。病毒毒株、剂量、日龄及品种等因素对潜伏期长短有很大关系。马立克氏病多发生于2～3月龄鸡，但1～18月龄鸡均可致病。根据其病变发生部位和临床症状不同，可分为内脏型、神经型、眼型和皮肤型，其中以内脏型发病率最高。

古典型（神经型）：主要侵害外周神经，以坐骨神经和臂神经最易受侵害，当坐骨神经受侵害时，病鸡一侧腿或两侧腿发生不全或完全麻痹，表现站立不稳、运动失调，个别严重者瘫痪在地，典型症状是一只脚伸向前，另一只脚向后方，呈"劈叉"姿势；当臂神经受侵害时，双翅下垂，又称"穿大褂"；当支配颈部的神经受侵害时，患病鸡低头或斜颈，当颈部迷走神经受侵害时，可引起嗉囊麻痹或扩张，又称为"大嗉子"，一般采食的食物不能下行。上述症状出现最多，且又容易发现，有时这些症状可同时出现或单独出现在一只鸡上。病程较长者，由于病鸡行动不便，无法顺利采食，常受其他鸡只的踩踏，最终因机体衰竭而死亡。

急性型（内脏型）：患鸡精神萎靡，食欲减退或废绝，羽毛松乱，鸡冠苍白，行走迟缓，常缩颈呆立，下痢，粪便呈黄白色或黄绿色，迅速消瘦，病程较短，主要发生于50~70日龄的鸡。个别鸡症状表现不明显就突然死亡，触诊腹部能摸到硬块，该类型马立克病对鸡威胁较严重，有时发病可造成大量鸡只死亡，发病率高达80%（高于神经型病鸡）。

眼型：瞳孔边缘起初变得不整齐，到了严重阶段瞳孔就只剩下针尖大小的一个小孔了。当虹膜受到侵害时，病鸡视觉受到影响，轻者表现为对光线的强度反应迟钝，重者丧失视觉，临床检查可发现虹膜成环状或斑点状褪色，正常的橘红色不见了，代之而起的是弥漫性淡灰色混浊。病鸡一侧或两侧眼睛失明，病鸡眼睛的瞳孔边缘不整齐呈锯齿状，虹彩消失，眼球如鱼眼呈灰白色。

皮肤型：病鸡退毛后可见体表的毛囊腔形成结节及小的肿瘤状物。在颈部、翅膀、大腿外侧较为多见。肿瘤结节呈灰黄色，突出于皮肤表面，有时破溃。

（2）病理变化。内脏型病鸡的肿瘤多发生于肝脏、腺胃、心脏、卵巢、肺脏、肌肉、脾脏、肾脏，其中，以肝脏、腺胃的发病率最高。

肝脏：肿大、质脆，有时为弥漫型的肿瘤，有时见粟粒大至黄豆大的灰白色瘤，几个至几十个不等。这些肿瘤质韧，稍突出于肝表面，有时肝脏上的肿瘤如鸡蛋黄大小。腺胃：肿大、增厚、质地坚实，浆膜苍白，切开后可见黏膜出血或溃疡。心脏：在心外膜见黄白色肿瘤，常突出于心肌表面，米粒大至黄豆大。卵巢：肿大4~10倍不等，呈菜花状。肺脏：在一侧或两侧见灰白色肿瘤，肺脏呈实质性，质硬。脾脏：肿大3~7倍不等，表面可见呈针尖大小或米粒大的肿瘤结节。肌肉：肌肉的肿瘤多发生于胸肌，呈白色条纹状。

神经型病变：多见坐骨神经、臂神经、迷走神经肿大，神经表面光亮，粗细不均，银白色纹理消失，神经周围的组织水肿。

皮肤型病变：皮肤病变通常与羽毛囊有关，严重的病例可见清晰的淡白结节。

眼型病变：最常见的是虹膜单核细胞浸润，也是变为灰白色的原因。

4. 诊断与鉴别诊断

（1）诊断。根据病鸡的典型症状、流行特点及病理剖检变化进行综合分析，可作出初步诊断，确诊时可进行琼脂扩散试验、免疫荧光试验、酶联免疫吸附试验及病毒中和试验。根据本病的流行特点、特征性症状及病理免疫变化，一般在 7～10 日龄可作出初步诊断，可应用琼脂扩散实验进行检验确诊，试验方法有两种，一种是用已知抗原检查未知血清抗体；另一种是用已知血清抗体检查未知病毒抗原（羽髓）。两种方法同时应用的检出率高，其中，一种呈阳性反应即可确诊。

（2）鉴别诊断。马立克氏病属于肿瘤性疾病，临床上容易与淋巴白血病、网状内皮增生症相混淆。马立克氏病、淋巴白血病、网状内皮增生症 3 种病剖检上均表现肿瘤变化，肉眼难以区分，但该 3 种病在病原学，流行病学，病理组织学上有较大区别，据此，可对临床肿瘤病进行准确定性。

5. 防制

本病目前尚无有效的药物治疗，只有采取综合性的防疫措施，才能减少本病造成的损失。

（1）搞好卫生消毒。①孵化箱的消毒：在孵化前一周应对孵化器及附件进行消毒，蛋盘、水盘、盛蛋用具等先用热水洗净，再用 500～1 000 倍稀释的新洁尔灭溶液喷雾消毒，或用新洁尔灭洗刷。然后对孵化器及其附件，用福尔马林熏蒸消毒。每立方米体积用高锰酸钾 7 克，福尔马林 14 毫升，水 7 毫升。熏蒸

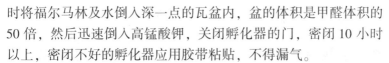

时将福尔马林及水倒入深一点的瓦盆内，盆的体积是甲醛体积的50倍，然后迅速倒入高锰酸钾，关闭孵化器的门，密闭10小时以上，密闭不好的孵化器应用胶带粘贴，不得漏气。

种蛋先用500～1 000倍稀释的且高于蛋温的新洁尔灭水浸洗或喷雾，洗净的蛋放在蛋盘上。用根据蛋架大小制作的塑料罩罩上，20℃条件下按上述甲醛、水、高锰酸钾的量熏蒸消毒半小时，然后入孵。

②育雏期措施：育雏舍在进雏前应彻底清扫羽毛、皮屑、蜘蛛网等，然后对门窗、地面、顶棚等喷洒500～1 000倍稀释的新洁尔灭，地面及墙壁喷2%火碱水，进雏前再用福尔马林熏蒸一次。饲养人员进育雏室要换工作服及鞋，饲喂雏鸡前应洗手消毒。非工作人员不要进入育雏室。根据1～30日龄雏鸡最容易感染马立克氏病的特点，在这段饲养期间必须严格禁止与其他鸡群和雏鸡接触。要保证雏鸡足够量的维生素、蛋白质及微量元素。以增加雏鸡的抗病力，并认真防治球虫、白痢等传染病。

③坚持经常的消毒措施：鸡舍和运动场应经常消毒，每日用2%的火碱或10%～20%的石灰乳消毒一次。食槽每日清洗，每周用2%火碱或500倍稀释的新洁尔灭喷洒消毒一次。运动场每年去3～5厘米的土。要经常观察鸡群，对病鸡要做到早发现、早淘汰，防止疾病蔓延。

（2）加强免疫预防。

①弱毒疫苗：目前，应用的主要是细胞结合疫苗和冻干疫苗。这两种疫苗在鸡场的保护率为80%～90%，一般在一周内产生免疫力，保护期在20周左右。

使用时注意：a.稀释后的疫苗每只雏鸡头皮下接种0.2毫升。b.疫苗必须在稀释后两小时内用完。使用中避免阳光照射，稀释后的疫苗注意混匀。2～4小时后疫苗效价下降20%～80%，因此，必须现用现配。c.注射疫苗后的小鸡在3周内要严格隔离饲养。严防马立克氏病病毒入侵，否则将严重影响疫苗效果。

②灭活疫苗：用野毒或鸡胚适应毒接种 SPF 鸡胚，取其病料灭活制成油乳剂疫苗。这种疫苗安全性好，接种后不排毒、不带毒，特别适用于无脑脊髓炎病史的鸡群。可于种鸡开产前18～20周接种。

五、传染性喉气管炎

传染性喉气管炎是由传染性喉气管炎病毒引起的一种急性呼吸道传染病。本病的特征是呼吸困难、咳嗽和咳出含有血液的渗出物。剖检时可见喉头、气管黏膜肿胀、出血和糜烂，在病的早期患部细胞可形成核内包涵体。本病传播快，对养鸡业危害较大。本病于1925年May等在美国首次报道后，现已遍及世界许多养鸡地区。

1. 病原

传染性喉气管炎病毒属疱疹病毒科、疱疹病毒属。病毒粒子呈球形，完整的病毒粒子直径为195～250纳米。该病毒只有一个血清型，但有强毒株和弱毒株之分。

病毒主要存在于病鸡的气管及其渗出物中，肝、脾和血液中较少见。接种于鸡胚绒毛尿囊膜，病毒可生长繁殖，使鸡胚在接种后2～12天死亡，胚体变小，绒毛尿囊膜增生和坏死，形成灰白色的斑块病灶。病毒易在鸡胚细胞培养上生长，引起核染色质变位和核仁变圆，胞浆融合，成为多核巨细胞，核内可见包涵体。病毒还可在鸡白细胞培养上生长，引起以出现多核巨细胞为特征的细胞病变。

2. 流行特点

在自然条件下，本病主要侵害鸡，虽然各种日龄的鸡均可感染，但以成年鸡的症状最为特征。病鸡及康复后的带毒鸡是主要传染源，经上呼吸道及眼内传染。易感鸡群与接种了疫苗的鸡有较长时间的接触，也可感染发病。被呼吸器官及鼻腔排出的分泌物污染的垫草饲料、饮水和用具可成为传播媒介。人及野生动物的活动也可机械传播。种蛋蛋内及蛋壳上的病毒不能传播，因为被感染的鸡胚在出壳前均已死亡。

本病一年四季都能发生，但以冬春季节多见。鸡群拥挤，通风不良，饲养管理不善，维生素 A 缺乏，寄生虫感染等，均可促进本病的发生。此病在同群鸡传播速度快，群间传播速度较慢，常呈地方流行性。本病感染率高，但致死率较低。

3. 临床表现与特征

（1）临床症状。由于病毒的毒力不同、侵害部位不同，传染性喉气管炎在临床上可分为喉气管型和结膜型，由于病型不同，所呈现的症状亦不完全一样。

①喉气管型：是高度致病性病毒株引起的，其特征是呼吸困难，抬头伸颈，并发出响亮的喘鸣声，表情极为痛苦，有时蹲下，身体就随着一呼一吸而呈波浪式的起伏；咳嗽或摇头时，咳出血痰，血痰常附着于墙壁、水槽、食槽或鸡笼上，个别鸡的嘴有血染。将鸡的喉头用手向上顶，令鸡张开口，可见喉头周围有泡沫状液体，喉头出血。若喉头被血液或纤维蛋白凝块堵塞，病鸡会窒息死亡，死亡鸡的鸡冠及肉髯呈暗紫色，死亡鸡体况较好，死亡时多呈仰卧姿势。

②结膜型：是低致病性病毒株引起的，其特征为眼结膜炎，眼结膜红肿，1～2 日后流眼泪及鼻液，眼分泌物从浆液性到脓性，最后导致眼盲，眶下窦肿胀。产蛋鸡产蛋率下降，畸形蛋增多。

（2）病理变化。

①喉气管型：最具特征性病变在喉头和气管。在喉和气管内有卡他性或卡他出血性渗出物，渗出物呈血凝块状堵塞喉和气管。或在喉和气管内存有纤维素性的干酪样物质。呈灰黄色附着

于喉头周围，很容易从黏膜剥脱，堵塞喉腔，特别是堵塞喉裂部。干酪样物从黏膜脱落后，黏膜急剧充血，轻度增厚，散在点状或斑状出血。气管的上部气管环出血。鼻腔和眶下窦黏膜也发生卡他性或纤维素性炎。黏膜充血、肿胀，散布小点状出血。有些病鸡的鼻腔渗出物中带有血凝块或呈纤维素性干酪样物。产蛋鸡卵巢异常，出现卵泡变软、变形、出血等。

②结膜型：有的病例单独侵害眼结膜，有的则与喉、气管病变合并发生。结膜病变主要呈浆液性结膜炎，表现为结膜充血、水肿，有时有点状出血。有些病鸡的眼睑，特别是下眼睑发生水肿，而有的则发生纤维素性结膜炎，角膜溃疡。

4. 诊断与鉴别诊断

（1）诊断。本病突然发生，传播快，成年鸡多发，发病率高，死亡率低。临床症状较为典型：张口呼吸，气喘，有干啰音，咳嗽时咳出带血的黏液。喉头及气管上部出血明显。根据上述症状及剖检变化可初步诊断为传染性喉气管炎，确诊需进行实验室检查。

（2）鉴别诊断。能引起鸡的呼吸道症状、与该病易混淆的疾病主要有：鸡新城疫、传染性支气管炎、禽流感、霉形体病、鸡传染性鼻炎、禽霍乱、鸡曲霉菌病等。我们在临床上应加以鉴别。

①鸡新城疫：各种日龄的鸡均可感染。临床表现为张口呼吸并伴有"咕噜"声，有甩头和吞咽动作，嗉囊积水，倒提时黏液或饲料从口中大量流出，拉绿色稀粪。剖检可见，喉头充血、出血，腺胃乳头出血，肠胃道出血性、卡他性炎症。非典型鸡新城疫以神经症状为主，受到刺激时症状加重。剖检可见，喉头充血明显，盲肠扁桃体肿胀、出血。

②鸡传染性支气管炎：a. 呼吸型 1～4 周龄雏鸡表现为喘息、咳嗽、打喷嚏、扎堆以及死亡严重，死亡率为 25%～75%。

剖检可见支气管炎卡他性炎症，内有黏液，气管中有干酪样物质，气囊壁增厚和混浊。成年鸡表现为咳嗽，有鼻液，发出"喉喉"声，产蛋量下降，软壳蛋和畸形蛋增多。剖检可见腹腔散在卵黄。b. 肾病变型传支表现为鸡渴欲增加，腹泻，粪便灰白如石灰水。剖检可见肾肿大，苍白，尿酸盐大量沉积，称"花斑肾"。

③禽流感：鸡、火鸡、鸭、鹌鹑、鸽子以及野鸟、水禽、海鸟等均可感染。临床表现与病毒致病性高低和禽的种类有关。禽流感暴发时症状可涉及呼吸道、消化道、生殖道和神经系统。由轻微到严重呼吸道症状，咳嗽、流鼻涕、流泪，严重者眼睑及头部肿大，通常体温升高，最后可完全停止产蛋，鸡冠和肉垂发绀，腹泻绿色水粪，倒提时从口中流出大量水样液体，死亡率为5%~100%。剖检主要有蛋黄性腹膜炎，心肌、肝及腺胃乳头有出血点，腹腔内有破裂的蛋黄，卵巢上有蛋白和蛋黄滞留形成的黏性分泌物附着。

④鸡霉形体病：各种日龄的鸡均可感染。表现为流鼻涕、咳嗽、窦炎、结膜炎和气管炎，呼吸道音（晚上尤为明显）；后期眼睑肿胀、黏着、突出。剖检可见，鼻道、眶下窦黏膜水肿、充血、出血，窦腔内有黏液或干酪样渗出物，喉头气管内有透明或混浊黏液，黏膜表面有球状灰白色干酪样物，气囊壁增厚、混浊，附有豆渣样渗出物。

⑤鸡传染性鼻炎：只发生于鸡和珍珠鸡，其他禽类不感染。各种日龄的鸡均可感染，临床表现为喷嚏，鼻腔流出黏性分泌物，流泪，结膜炎，眼睑周围和颜面肿胀，肉髯水肿。剖检可见：鼻腔和窦急性卡他性炎症、黏膜充血，潮红肿胀，表现有大量黏液和炎性渗出物凝块，病程较长，严重时鼻窦、眶下窦和眼结膜囊内有干酪样物。

⑥禽霍乱：多见于育成阶段的鸡，常呈地方性流行。临床表

现为体温升高，渴欲强烈，频频饮水，腹泻拉黄、白稀粪，呼吸急促并伴有"咯咯"声，病程1~3天。剖检可见，腹膜、皮下和腹部脂肪、心冠脂肪有出血点，十二指肠出血性炎症，肺充血、表面有出血，肝大、表面上有条纹状灰白色坏死灶。

⑦鸡曲霉菌病：多发生于1~3周龄以下雏鸡。临床表现为严重的呼吸困难，张口喘气，无音，急性暴发时死亡率可达60%，曲霉菌侵入眼部时眼皮下蓄积有豆渣样物质。剖检可见，肺部、气管质地变硬、切面坏死，气囊混浊、有真菌结节。

5. 防制

（1）预防。

①坚持严格的隔离、消毒等防疫措施是防止本病流行的有效方法：由于带毒鸡是本病的主要传染源之一，故有易感性的鸡切不可和病愈鸡或来历不明的鸡接触。新购进的鸡必须用少量的易感鸡与其做接触感染试验，隔离观察2周，易感鸡不发病，证明不带毒，此时方可合群。

②免疫预防：在本病流行的地区可接种疫苗，目前使用的疫苗有两种，一种是弱毒苗，系在细胞培养上继代致弱的，或在鸡的毛囊中继代致弱的，或在自然感染的鸡只中分离的弱毒株。弱毒疫苗的最佳接种途径是点眼，但可引起轻度的结膜炎且可导致暂时的盲眼，如有继发感染，甚至可引起1%~2%的死亡。另一种为强毒疫苗，只能作擦肛用，绝不能将疫苗接种到眼、鼻、口等部位，否则，会引起疾病的爆发。擦肛后3~4天，泄殖腔会出现红肿反应，此时就能抵抗病毒的攻击。强毒疫苗免疫效果确实，但未确诊有此病的鸡场、地区不能用。一般首免可在4~5周龄时进行，12~14周龄时再接种一次。肉鸡首免可在5~8日龄进行，4周龄时再接种一次。

（2）治疗。发病鸡群可采取对症治疗的方法。①此病如继发细菌感染，死亡率会大大增加，结膜炎的鸡可用红霉素眼药水点眼，大群鸡用环丙沙星或强力霉素以 0.005% 饮水或拌料。②应用平喘药物可缓解症状，盐酸麻黄碱每只鸡每天 10 毫克，氨茶碱每只鸡每天 50 毫克，饮水或拌料投服。③0.2% 氯化铵饮水，连用 2～3 天。④肌注喉气管炎高免卵黄抗体 2 毫升，隔天再肌注 1 次。⑤中药治疗：中药喉症丸或六神丸对治疗喉气管炎效果也较好。每天 2～3 粒/只，每天 1 次，连用 3 天。

六、传染性支气管炎

传染性支气管炎是鸡的一种急性、高度接触性的呼吸道疾病。以咳嗽，喷嚏，雏鸡流鼻液，产蛋鸡产蛋量减少，呼吸道黏膜呈浆液性、卡他性炎症为特征。有的毒株则引起肾炎—肾病综合征。

1. 病原

传染性支气管炎病毒属于冠状病毒科、冠状病毒属。该病毒具有多形性，但多数呈圆形，大小 80～120 纳米。传染性支气管炎病毒血清型较多，目前，报道过的至少有 27 个不同的血清型。不同血清型的毒株其致病性、致死性及所致呼吸道症状都有差别。多数血清型的病毒可引起明显的呼吸道症状，而某些血清型的病毒引起明显的肾脏损害而不引起或只有很轻微的呼吸道症状。病毒主要存在于病鸡的呼吸道渗出物中，肝、脾、肾和血液中也能发现病毒。

2. 流行特点

本病仅发生于鸡，其他家禽均不感染。各种日龄的鸡都可发病，但雏鸡最为严重，死亡率也高，一般以 40 日龄以内的鸡多发。本病主要经呼吸道传染，病毒从呼吸道排毒，通过空气的飞沫传给易感鸡。也可通过被污染的饲料、饮水及饲养用具经消化道感染。本病一年四季均能发生，但以冬春季节多发。鸡群拥挤、过热、过冷、通风不良、温度过低、缺乏维生素和矿物质，以及饲料供应不足或配合不当，均可促使本病的发生。

3. 临床表现与特征

（1）临床症状。由于病毒的血清型不同，鸡感染后出现不同的症状。

①呼吸型：病鸡无明显的前驱症状，常突然发病，出现呼吸道症状，并迅速波及全群。幼雏表现为伸颈、张口呼吸、咳嗽，有"咕噜"音，尤以夜间最清楚。随着病情的发展，全身症状加剧，病鸡精神萎靡、食欲废绝、羽毛松乱、翅下垂、昏睡、怕冷，常拥挤在一起。两周龄以内的病雏鸡，还常见鼻窦肿胀、流黏性鼻液、流泪等症状，病鸡常甩头。产蛋鸡感染后产蛋量下降25% ~ 50%，同时产软壳蛋、畸形蛋或砂壳蛋。

②肾型：感染肾型支气管炎病毒后其典型症状分 3 个阶段。第 1 阶段是病鸡表现轻微呼吸道症状，鸡被感染后 24 ~ 48 小时开始气管发出啰音，打喷嚏及咳嗽，并持续 1 ~ 4 天，这些呼吸道症状一般很轻微，有时只有在晚上安静的时候才听得比较清楚，因此，常被忽视。如果有并发感染，则呼吸道症状加重，鼻腔有黏性分泌物，时间延长。第 2 阶段是病鸡表面康复，呼吸道症状消失，鸡群没有可见的异常表现。第 3 阶段是受感染鸡群突然发病，并于 2 ~ 3 天逐渐加剧。病鸡挤堆、厌食，排白色稀便，粪便中几乎全是尿酸盐。病鸡体重减少，胸肌发暗，腿胫部干瘪，肛门周围羽毛沾满水样白色粪便，死亡率约 30%。死亡高峰见于感染后第 10 天，至感染后 21 天可停止死亡，部分不死鸡可逐渐康复，但增重缓慢。从未发生过本病又未经过免疫接种的成年鸡感染本病时，呼吸道症状轻微，症状出现率也较低，但可出现产蛋量下降、蛋壳粗糙、畸形。症状消失两周后产蛋量可逐渐恢复正常，但蛋壳质量的恢复需较长的时间。蛋雏鸡感染后，可引起输卵管及卵巢的损伤，导致产蛋期产蛋率不高，甚至绝产。

③传染性支气管炎病毒变异株：该病于 1991 年 2 月首先发生于英国，之后，法国、意大利、荷兰、泰国均有该病的发生。该病的病原为典型的冠状病毒，接种 9～11 胚龄 SPF 鸡胚后，引起鸡胚发育停滞，蜷缩成球状，但中和试验结果表明，该毒株和其他血清型传支毒株之间没有交叉的血清学关系，对其主要免疫原基因 S1 的序列进行分析后发现，它与欧洲 17 个传支毒株的氨基酸序列之间差异高达 21%～25%，属于一种新的血清型，命名为 4/91 或 793/B。鸡只感染 4/91 毒株后出现精神沉郁、闭眼嗜睡，腹泻，鸡冠发绀，眼睑和下颌肿胀。有时还可见咳嗽、打喷嚏，气管啰音，呼吸困难等呼吸道症状。产蛋鸡在出现症状后，很快引起产蛋下降，降幅达 35%，同时，蛋的品质降低，蛋壳颜色变浅，薄壳蛋、无壳蛋、小蛋增多。3～4 周后产蛋量可逐渐回升，但不能恢复到发病前的水平。本病可致肉鸡、特别是 6 周龄以上的育成鸡后期后死。

（2）病理变化。

①呼吸型：主要病变见于气管、支气管、鼻腔、肺等呼吸器官。表现为气管环出血，管腔中有黄色或黑黄色栓塞物。幼雏鼻腔、鼻窦黏膜充血，鼻腔中有黏稠分泌物，肺脏水肿或出血。产蛋鸡的卵泡变形，甚至破裂。

②肾型：肾型传染性支气管炎时，可引起肾脏肿大，呈苍白色，肾小管充满尿酸盐结晶，外形呈白线网状，俗称"花斑肾"。输尿管扩张，充满白色的尿酸盐。严重的病例在心包和腹腔脏器表面均可见白色的尿酸盐沉着。有时还可见法氏囊黏膜充血、出血，囊腔内积有黄色胶冻状物；肠黏膜呈卡他性炎变化，全身皮肤和肌肉发绀，肌肉失水。

4. 诊断

根据流行特点、症状和病理变化，可作出初步诊断。进一步确诊则有赖于病毒分离与鉴定及其他实验室诊断方法。

鉴别诊断。

本病在鉴别诊断上应注意与新城疫、鸡传染性喉气管炎及传染性鼻炎相区别。鸡新城疫时一般发病较本病严重，在雏鸡常可见到神经症状。鸡传染性喉气管炎的呼吸道症状和病变则比鸡传染性支气管炎严重；传染性喉气管炎很少发生于幼雏，而传染性支气管炎则幼雏和成年鸡都能发生。传染性鼻炎的病鸡常见面部肿胀，这在本病是很少见到的。肾型传染性支气管炎常与痛风相混淆，痛风时一般无呼吸道症状，无传染性，且多与饲料配合不当有关，通过对饲料中蛋白的分析、钙磷分析即可确定。

5. 防制

（1）预防。

①加强饲养管理，降低饲养密度，避免鸡群拥挤，注意温度、湿度变化，避免过冷、过热。加强通风，防止有害气体刺激呼吸道。合理配比饲料，防止维生素，尤其是维生素 A 的缺乏，以增强机体的抵抗力。

②适时接种疫苗。对呼吸型传染性支气管炎，首免可在 7～10 日龄用传染性支气管炎 H120 弱毒疫苗点眼或滴鼻；二免可于 30 日龄用传染性支气管炎 H52 弱毒疫苗点眼或滴鼻；开产前用传染性支气管炎灭活油乳疫苗肌肉注射每只 0.5 毫升。对肾型传染性支气管炎，可于 4～5 日龄和 20～30 日龄用肾型传染性支气管炎弱毒苗进行免疫接种，或用灭活油乳疫苗于 7～9 日龄颈部皮下注射。而对传染性支气管炎病毒变异株，可于 20～30 日龄、100～120 日龄接种 4/91 弱毒疫苗或皮下及肌肉注射灭活油乳疫苗。

（2）治疗。本病目前尚无特异性治疗方法，改善饲养管理条件，降低鸡群密度，饲料或饮水中添加抗生素对防止继发感染，具有一定的作用。对肾型传染性气管炎，发病后应降低饲料中蛋白的含量，并注意补充 K^+ 和 Na^+，具有一定的治疗作用。

七、鸡病毒性关节炎

鸡病毒性关节炎又名腱滑膜炎，是由呼肠孤病毒引起的鸡的主要传染病。本病的特征是胫跗关节滑膜炎、腱鞘炎、腱鞘肿胀、腓肠肌破裂和心肌炎。本病仅发生于鸡，往往造成鸡群死亡、生长停滞、饲料利用率降低以及病鸡淘汰增多，给养鸡业带来莫大的经济损失。

1. 病原

本病的病原为呼肠孤病毒，属于呼肠孤病毒科、呼肠孤病毒属，双股 RNA，由一个核心和一个衣壳构成。呼肠孤病毒不具有红细胞凝集性或红细胞吸附作用。禽呼肠孤病毒至少有 8 个血清型。

2. 流行特点

本病仅发生于鸡，1 日龄雏鸡的易感性最高，随着日龄的增加，对本病的抵抗力逐渐增强，同时，潜伏期也较长。病鸡和带毒鸡是主要传染源，病鸡由粪便排出大量病毒，通过鸡与鸡之间的直接或间接接触而传播。本病也可通过种蛋垂直传播，但传递率甚低。病毒在鸡体内可持续存活至少 289 天，因而鸡的带毒是一个严重问题。本病一年四季均可发生，以冬季较为多发，一般呈散发或地方性流行。自然感染发病多见于 4~7 周龄的鸡，也见于更大周龄的鸡，发病率 5% 以上，死亡率 1%~3%。

3. 临床表现与特征

（1）临床症状。本病的潜伏期为 1~11 天。多数患鸡呈隐性经过，急性感染时可出现跛行，部分鸡生长停滞；慢性病例，跛行更明显，甚至跗关节僵硬，不能活动。有的患鸡关节炎症状虽不明显，但可见腓肠肌腱或趾屈肌腱部肿胀，有时还发现腓肠肌腱断裂，伴发皮下出血，患鸡呈典型的蹒跚步态。

（2）病理变化。眼观患鸡的趾屈肌腱和趾伸肌腱肿胀，特别是拔去羽毛，在跗关节上部能明显地察觉趾伸肌腱肿胀。趾关节和肘关节肿胀较不常见，但跗关节或肘关节常含有少量草黄色或血色渗出液，偶见较多的脓性渗出物。感染早期，跗关节的腱鞘显著肿胀，关节滑膜出血。当腱部的炎症转为慢性时，则见腱鞘硬化与粘连，关节软骨糜烂，烂斑增大、融合并可延展到其下方的骨质，并伴发骨膜增厚。

4. 诊断

（1）诊断。根据本病的症状及病理变化可作出初步诊断，确诊需从关节水肿液、腱鞘等部位分离病毒及进行血清学诊断。

（2）鉴别诊断。

①禽脑脊髓炎：不同处为：病原是禽脑脊髓炎病毒。受害禽多为幼鸡、幼火鸡和野鸡。症状为头、颈和腿部震颤，常以跗关节着地，轻瘫渐至麻痹，眼晶体混浊失明。用荧光抗体试验阳性鸡的组织中可见黄绿色荧光。

②传染性滑膜炎：病原为滑膜炎支原体。受害禽有鸡和火鸡。症状是跛行，病鸡蹲于地上。病禽的关节和腱鞘肿胀、趾、足关节常见黏稠的滑液渗出物。

③维生素 E-硒缺乏症：相似的症状是跗关节肿大，跛行，走路不便。不同处是维生素 E-硒缺乏导致发病。一般 15~30 日龄发病，头向下或向后痉挛，两腿发生痉挛性急收急松。火鸡在 6 周龄肿大消失，严重时 14~16 周龄关节再肿大，剖检可见肌肉有灰条纹，尿中尿酸增多，肌肉肌酸减少。

④胆碱缺乏症：关节肿大、步态不稳、母鸡产蛋率下降方面相似。不同处是胆碱缺乏导致发病，症状骨粗短，跗关节轻度肿胀，并有针尖状出血，后期跗关节变平，跗关节弯曲成弓形。跟腱与髁骨滑脱。剖检可见肝大、色变黄，表面有出血点，质脆，有的肝破裂，腹腔有凝血块。

⑤钙磷缺乏和比例失调：关节肿大、少数关节不能运动、跛

行、产蛋率下降等症状相似。不同处是钙磷缺乏和比例失调导致发病。幼禽喙与爪较易弯曲，肋骨末端有串珠状小结节。成年鸡产薄壳蛋、软壳蛋，后期胸骨呈"S"状弯曲，肋骨失去硬度变形。剖检可见骨骼肿胀、疏松易折，骨髓腔变大。关节面软骨有肿胀缺损。

⑥家禽痛风：减食、消瘦、贫血、关节肿胀、跛行等症状相似。不同处是由于饲料中蛋白质过多而引起尿酸盐增多引起发病，病禽排白色半黏液状稀粪，含有多量尿酸盐，关节出现豌豆大结节，破溃后流出黄色干酪样物。剖检可见内脏表面及胸腹膜有石灰样白色尿酸盐结晶薄膜，关节也有白色结晶。

5. 防制

（1）预防。种鸡在开产前接种病毒性关节炎灭活疫苗，以减少垂直传播的可能性，雏鸡出壳后皮下接种病毒性关节炎弱毒苗。同时，应加强饲养管理，改善卫生条件，注意环境消毒。

①加强饲养管理：饲喂优质的饲料，保证有充足、干净的饮水，以提高机体的抗病能力；及时清扫鸡舍内外的粪便及异物，将粪便堆放在指定的区域进行消毒和发酵处理；保持鸡舍的干燥和通风。定期对鸡群进行仔细观察，一旦发现病鸡，要及时挑出并进行隔离治疗，病重者直接淘汰，逐步建立无该病原的鸡群。

②建立严格的消毒制度，坚持全进全出的饲养制度：建立严格的消毒制度，对清扫后的栏舍及时进行消毒，地面及过道消毒可选用3%火碱溶液、4%来苏儿、20%石灰乳、百毒杀等进行轮换消毒，用百毒杀、碘附及含氯制剂的消毒液带鸡喷雾消毒，并且对出入场区的车辆用3%火碱溶液喷雾消毒，杜绝病毒的水平传播。另外，必须坚持全进全出的饲养制度，尽量不要从疫区引进种鸡和雏鸡，如需引种，必须对原产地进行了解和调查，引进后再进行隔离观察，待一切正常后，方可进行饲养；对发病已终止的鸡场、鸡舍必须全部清空，并进行彻底清扫和消毒，空置

2～3 周后再考虑进新鸡。

③免疫接种：在母鸡开产前 2～3 周接种鸡病毒性关节炎油乳剂灭活苗，以保持雏鸡不受病毒侵害，在 8～12 日龄、30～70 日龄时各接种 1 次弱毒疫苗。对雏鸡接种病毒性关节炎疫苗时，尽量与马立克氏病、法氏囊病弱毒苗的免疫相隔 5 天，以免发生干扰。

④适量添加抗生素类药物：在饲料中适量添加抗生素类药物；饮水中添加浓缩鱼肝油粉，全天饮水，连用 7 天，进行预防。

（2）治疗。本病目前尚无有效方法进行治疗，发病后可对症治疗。

①净化鸡群：一旦发现病鸡，及时进行淘汰，并做无害化处理。加强对健康群体的饲养和消毒工作，定期对种群用琼脂扩散法进行检查，淘汰阳性鸡，逐步净化鸡群。

②免疫接种：一旦发病，要对全群进行紧急接种，采用病毒性关节炎油乳灭活苗，肌肉注射，0.5 毫升/只。

③治疗措施：对于跛行和关节炎症较轻的鸡，可用 2.5% 的普杀平注射液进行注射，0.5 毫升/只，2 次/天，连用 3～5 天，同时，在每千克饲料中添加 5～10 克乳酸环丙沙星原粉，连用 15 天；饮水中添加浓缩鱼肝油粉，自由饮水。经采取以上综合防治措施，7～10 天后，病情可得到有效控制。

八、减蛋综合征

鸡减蛋综合征（EDS-76）是由腺病毒引起的一种病毒性传染病。其主要特征是产蛋量骤然下降、蛋壳异常、蛋体畸形、蛋质低劣。该病可使鸡群产蛋率下降 10%～30%，破损率可达 38%～40%，无壳蛋、软壳蛋达 15%，给养鸡业造成严重的经济损失。

1. 病原

EDS-76 病原是腺病毒属禽腺病毒 III 群的病毒，其结构为一种无囊膜的双股 DNA 病毒，其粒子大小为 76～80 纳米，EDS-76 病毒含红细胞凝集素，能凝集鸡、鸭、鹅的红细胞，故可用于血凝试验及血凝抑制试验，血凝抑制试验具有较高的特异性，可用于检测鸡的特异性抗体。

2. 流行特点

EDS-76 病毒的主要易感动物是鸡。其自然宿主是鸭或野鸭。鸭感染后虽不发病，但长期带毒，带毒率可达 85% 以上。据报道，在家鸭、家鹅、俄罗斯鹅和白鹭、加拿大鹅和凫、海鸥、猫头鹰、鹳、天鹅、北京鸭、珠鸡中，广泛存在 EDS-76 抗体。

不同品系的鸡对 EDS-76 病毒的易感性有差异，26～35 周龄的所有品系的鸡都可感染，尤其是产褐壳蛋的肉用种鸡和种母鸡最易感，产白壳蛋的母鸡患病率较低。EDS-76 病毒除可使不同品系的鸡和鸭感染外，鹅、雏鸡、珠鸡、火鸡和鹌鹑也可产生不同程度的抗体或排出病毒，鹌鹑只排出病毒但不产生抗体。

任何日龄的肉鸡、蛋鸡均可感染。幼龄鸡感染后不表现任何临床症状，血清中也查不出抗体，只有到开产以后，血清才转为阳性。有人曾在 7 周龄鸡中检测到抗体，抗体的出现和发病无明显相关性。实验感染的鸡中，病毒在内脏增殖及排泄，随日龄增大而下降。成年鸡组织中带毒大约 3 周，粪便大约 1 周。EDS-76 的流行特点是：病毒的毒力在性成熟前的鸡体内不表现出来，产蛋初期的应激反应，致使病毒活化而使产蛋鸡罹病。6～8 月龄母鸡处于发病高峰期。

EDS-76 既可水平传播，又可垂直传播，被感染鸡可通过种蛋和种公鸡的精液传递。从鸡的输卵管、泄殖腔、粪便、咽黏膜、白细胞、肠内容物等可分离到 EDS-76 病毒。可见，病毒可通过这些途径向外排毒，污染饲料、饮水、用具、种蛋经水平传

播使其他鸡感染。

现场观察表明，水平传播较慢，并且不连续，通过一栋鸡舍大约需 11 周。EDS-76 病毒的传染性并不算强。在实验条件下，病毒传播速度依赖于感染鸡的数目。一般认为 EDS-76 病毒侵入生殖系统后，导致卵子排出和蛋壳形成机能等发生紊乱，而使产蛋率下降，出现无壳、软壳等各种异常蛋。

3. 临床表现与特征

（1）临床症状。EDS-76 感染鸡群无明显临诊症状，通常是 26～36 周龄产蛋鸡突然出现群体性产蛋下降，产蛋率比正常下降 20%～30%，甚至达 50%。与此同时，产出软壳蛋、薄壳蛋、无壳蛋、小蛋，蛋体畸形，蛋壳表面粗糙，如白灰、灰黄粉样，褐壳蛋则色素消失，颜色变浅，蛋白水样，蛋黄色淡，或蛋白中混有血液、异物等。异常蛋可占产蛋的 15% 或以上，蛋的破损率增高。病鸡受精率正常，但孵化率则明显下降，并出现多量生命力弱的雏鸡，死胚率由正常 6%～8% 增至 10%～12%。产蛋下降持续 4～6 周后又恢复到正常水平，持续时间可能与病毒传播速度有关，有些鸡群几星期内可恢复正常，另一些鸡群经产蛋下降后不同程度的恢复，多数学者认为 EDS-76 病毒对蛋的生长无明显影响。

患病鸡群的部分鸡，可能出现精神差、厌食、羽毛蓬松、贫血、腹泻等症状，但均不具有诊断价值。

（2）病理变化。本病常缺乏明显的病理变化，其特征性病变是输卵管各段黏膜发炎、水肿、萎缩，病鸡的卵巢萎缩变小，或有出血，子宫黏膜发炎，肠道出现卡他性炎症。

4. 诊断

多种因素可造成密集饲养的鸡群发生产蛋下降，因此，在诊断时应注意综合分析和判断。EDS-76 可根据发病特点、症状、病理变化、血清学及病原分离和鉴定等方面进行分析判定。

（1）症状和病理变化。在饲养管理正常情况下，在产蛋鸡产蛋高峰时，突然发生不明原因的群体性产蛋下降，同时伴有畸形蛋、蛋质下降；剖检可见生殖道病变，临诊上也无特异的表现时，可怀疑为本病。

（2）病毒分离与鉴定。从患鸡的输卵管、变形卵泡、无壳软蛋、泄殖腔、鼻咽黏膜、肠内容物、粪便等采集病料，经过常规的灭菌处理后，接种于鸭肾或鸡肾细胞上，孵育数天后观察细胞病变及核内包涵体，并用血凝及血凝抑制试验进行鉴定。接种 5~10 日胚龄鸭胚尿囊腔，可使鸭胚致死，尿囊液有高的凝集滴度。从 EDS-76 血清阳性鸡中，病毒分离率约为 33%，从产蛋异常的鸡群中，分离率可达 60%。

（3）鉴别诊断。

①脑脊髓炎：引起产蛋下降 10%~40%，将蛋 1~2 周后可恢复，入孵率下降 10%~35%，垂直传播小鸡会出现麻痹、震颤和死亡；

②新城疫：非典 ND（HI>8），出现腹泻，青绿色粪便，有呼吸道症状，产蛋率和受精率都下降；

③禽流感（H5）：降蛋后无法恢复，呼吸道症状，鸡有死亡；

④禽流感（H9）：产蛋刚进入高峰鸡群初期是产蛋上升速度变慢，然后出现产蛋不稳定，忽高忽低，接着保持 4~5 天后每天以 2%~5% 的速度降蛋，在 1 周或 2 周时间内产蛋降低至 40%~60%，累计降低 30%~40%。蛋壳无影响。继发其他病可致死亡。

⑤传染性支气管炎：有呼吸道症状，产蛋率下降，同时有软壳蛋、变形蛋、砂皮蛋、浅色蛋和白皮蛋，蛋清水样，易与蛋黄脱离。严重时可导致卵黄性腹膜炎。早期感染鸡产蛋率上不了高峰，解剖输卵管发育不全。

⑥鼻炎：副鸡嗜血杆菌引起的急性上呼吸道病，主要表现面部肿胀或流鼻液等症状，引起产蛋严重下降。

⑦禽霍乱：剧烈下痢和败血症，发病率与死亡率高。慢性为肉髯水中和关节炎，发病率和死亡率较低。

⑧肿头综合征：禽肺病毒引起并继发大肠杆菌、副鸡嗜血杆菌、支原体等病原感染的一种传染病。

⑨气候原因：温度15℃以上，28℃以下为最宜。观察鸡舍温度是否超出或低于这个区间。

⑩骨软症：发生骨软症的鸡群产蛋率下降，破壳蛋增多，但蛋壳颜色变化不大，病鸡瘫痪通过添加和调整钙磷比例等方法，鸡群很快恢复。

5. 防制

本病尚无有效的治疗方法。只能从加强管理、免疫、淘汰病鸡等多方面进行防制。在发病时，如果有必要，也可喂给抗菌药物，以防继发感染。

（1）加强卫生管理。无 EDS-76 的清洁鸡场，一定要防止从疫场将本病带入。不要到疫区引种，因已证实，本病可通过蛋垂直传播。原则上，要引种必须从无本病的鸡场引入，引后并需隔离观察一定时间，虽然这一点执行起来很难，但却是十分关键的。

EDS-76 污染鸡场要严格执行兽医卫生措施。本病除垂直传染外，也可水平传染，污染鸡场要想根除本病是较困难的，必须花大力气。为防止水平传播，场内鸡群应隔离，按时进行淘汰。做好鸡舍及周围环境清扫和消毒，粪便进行合理处理是十分重要的。防止饲养管理用具混用，防止人员互相串走。产蛋下降期的种蛋和异常蛋，坚决不要留作种用。加强鸡群的饲养管理，喂给平衡的配合日粮，特别是保证必需氨基酸、维生素和微量元素的平衡。

（2）免疫预防。免疫接种是本病主要的防制措施。近年来国内外已开展了 EDS-76 病毒127 株油佐剂灭活疫苗的研制，该疫苗接种 18 周龄后备母鸡，经肌内或皮下接种 0.5 毫升，15 天后产生免疫力，抗体可维持 12～16 周，以后开始下降，40～50 周后抗体消失。在匈牙利，用 B8/78 株病毒制备的灭活苗，免疫后 3 周，95% 的免疫鸡 HI 抗体可达最高峰。

种鸡场发生本病时，无论是病鸡群还是同一鸡场其他鸡生产的雏鸡，都不能否定垂直感染的可能，即使这些雏鸡在开产前抗体阴性，也不能作没有垂直感染的证明，因为开产前病毒才开始活动，使鸡发病，才有抗体产生。所以，这些鸡必须注射疫苗，在开产前 4～10 周进行初次接种，产前 3～4 周进行第二次接种。

九、鸡传染性贫血病

鸡传染性贫血病是由鸡传染性贫血病病毒引起的一种雏鸡的亚急性传染病。其特征是以再生障碍性贫血和全身淋巴组织萎缩造成免疫抑制为特征。因此，传染性贫血病可继发病毒、细菌和真菌的感染。血清学调查表明，该病在世界上许多国家的鸡群中广泛存在，我国也有此病的报道。

1. 病原

鸡贫血病病毒是圆环病毒科的单股环状 DNA 病毒。病毒粒子呈球形或六角形颗粒，病毒衣壳由 32 个结构亚单位组成，表面可见 10 个三角形突起。鸡贫血病病毒可在鸡胚中复制，但不致死鸡胚。

2. 流行特点

实验感染鸡潜伏期约 10 天，死亡大多发生在感染后的 14～18 天，发病率高达 100%，死亡率为 5%。本病以垂直传播为主。Yuasa 等证明，感染了传染性贫血病病毒的种鸡所产的蛋经孵化而出的雏鸡，即使在隔离条件下饲养，在 10 天左右也会发生贫血病。该病也可通过与病鸡直接接触，与病毒污染的环境接触，或使用了被病毒污染疫苗，特别是直接摄入了被病毒污染的饲料、饮水而发生水平传播。水平传播虽也可以发生，但通常只产生抗体反应，而不引起发病。自然条件下只有鸡对本病易感，且表现明显的日龄抵抗力，主要发生在2~3周龄内的雏鸡，1~7日龄雏鸡最易感，其中，以肉鸡尤其是公鸡更易感，随着鸡日龄的增长，其易感性、发病率和死亡率逐渐降低。人工接种以1日龄雏鸡最易感。至今尚未发现其他禽类对本病易感，火鸡和鸭对本病毒表现先天性抵抗力，实验感染的火鸡和鸭血清中也未发现相应的抗体存在。

3. 临床表现与特征

（1）临床症状。该病的主要临床特征是贫血，产生贫血的能力与毒力和剂量有关。一般在感染后10天发病，病鸡表现沉郁、衰竭、消瘦和体重减轻。出现症状后两天，病鸡开始出现死亡，死亡高峰发生在症状出现后的5~6天，其后逐渐下降，再过5~6天恢复正常。濒死鸡可能有腹泻，有的全身出血或头颈部皮下出血、水肿。血稀如水，血凝时间延长，血细胞比容值可下降到20%以下，严重者甚至可降到10%以下，红、白细胞数显著减少，可分别降到1×10^6个/立方毫米和5 000个/立方毫米以下。

（2）病理变化。剖检变化主要表现为骨髓萎缩，呈黄白色，胸腺和法氏囊显著萎缩，心脏变圆，脾、肝、肾肿大、褪色。有时肝脏黄染，有坏死灶，质脆。骨骼肌和腺胃固有层黏膜出血，严重贫血者可见肌胃黏膜糜烂或溃疡。部分病鸡有肺实质病变，心肌、真皮及皮下出血。

胸腺萎缩可导致其完全退化，这时颜色呈深红褐色。随着病鸡的日龄抵抗力增加，胸腺萎缩比骨髓的病变更容易被观察到。法氏囊萎缩不明显，有时体积变小，而大多数病鸡法氏囊的外壁呈现半透明状态，以至于能够观察到内部的皱装。肝肾肿胀、褪色。有时见骨骼肌和或腺胃黏膜出血。

病鸡的特征性病理组织学变化是再生障碍性贫血和全身性淋

巴细胞萎缩。主要表现为所有造血组织被脂肪样组织所代替；胸腺皮质淋巴细胞减少，小叶萎缩，渐被网状细胞所代替；法氏囊皮质和髓质萎缩，淋巴细胞严重缺失，并被增生的网状和上皮样细胞代替。脾的红髓中血细胞成分减少，髓鞘中网状细胞增大，肝的血管窦扩大，含有大量渗出物，内有肿大的内皮细胞，中央静脉周围可见脂肪变性和渐进性坏死。其他腺胃、十二指肠、盲肠、肾、肺等均可见淋巴细胞严重缺乏。

4. 诊断与鉴别诊断

血细胞的比容值显著降低和骨髓变成黄白色是该病最突出的特征，所以，根据症状及剖检变化即可作出初步诊断。确诊需进行实验室检查。

（1）鸡的禽腺病毒Ⅰ群感染。有传染性，委顿，毛松乱，生长不良，冠髯头部皮肤苍白；不同处是病原为禽腺病毒Ⅰ群，有其他促病因子存在时最易引起包涵体肝炎，剖检可见肝大、色浅、质脆，肝和肌肉有出血斑，肝细胞中有大而圆或不规则形的嗜酸性或嗜碱性核内包涵体，气管有卡他性炎症和大量黏性分泌物，气囊呈云雾状混浊。用荧光抗体试验即可确诊。

（2）叶酸缺乏症。生长不良，贫血，剖检可见肝肾褪色或淡黄色；但是叶酸缺乏，骨粗而软弱，剖检可见胃有小点出血，肠黏膜出血性炎症。

（3）B族维生素缺乏。可引起鸡生长发育迟缓，脚、眼周围等皮肤发炎，贫血及神经麻痹等症状；但B族维生素缺乏所致的成鸡产蛋下降、蛋形变小、种蛋受精率降低、鸡胚死亡率高等症状，在鸡传染性贫血病病例中是没有的。

（4）禽弓形虫病。有传染性，鸡冠苍白，消瘦，贫血，下痢；但患弓形虫病的病鸡排白色稀粪；共济失调，痉挛性收缩，角弓反张，歪头，失明。剖检可见心包膜有圆形结节，前胃壁增厚，有的有溃疡，小肠有明显结节，肝、脾有坏死灶，腹腔液或组织涂片镜检可见弓形虫。

（5）磺胺药物中毒。磺胺药物中毒可引起再生障碍性贫血，但肌肉及肠道有点状出血，血液凝固不良；有使用磺胺药的历史；立即停药，在饮水中加入 0.5% ~ 1% 的碳酸氢钠或 5% 葡萄糖治疗有效。

（6）球虫病。鸡传染性贫血病没有血便，肠道见不到点状出血；球虫病引起的贫血，可见到血便，肠道出血明显，使用抗球虫药治疗有效。

5. 防制

（1）加强饲养管理。及时清扫鸡舍内的粪便及其他异物，用 3% 火碱对鸡舍地面、墙面及饲养设备进行仔细消毒；每天用 0.2% 过氧乙酸或百毒杀等对饮水器、料槽及饲养工具进行刷洗和消毒；定期用 0.2% 过氧乙酸、5% 双链季铵盐络合碘消毒液 1 : 2 000 倍、百毒杀等交替带鸡喷雾消毒。随日龄增加，控制好饲养密度，保持鸡舍干燥、卫生，加强鸡舍通风换气工作，以降低有害气体对鸡群的影响。

（2）坚持自繁自养、全进全出的饲养制度。由于该病主要是经种蛋垂直传播，种鸡又呈隐性感染，因此，要随时对种鸡进行抗体监测，及时淘汰带毒鸡，逐步净化鸡群。要尽量坚持自繁自养，严禁从疫区引进鸡苗，若需引进，必须对其鸡场的发病史进行调查，同时，还要了解该种鸡场的资质、孵化条件及鸡场卫生状态等，引进后隔离饲养一段时间，待一切正常后，方可进场饲养。另外，每批雏鸡一旦开始饲养后，中途不能因节约成本而补充其他日龄的雏鸡，到出售日龄时，必须全群出售，然后立即对鸡舍进行彻底打扫和清洗，用 3% 火碱进行消毒，待鸡舍干燥后，再用高锰酸钾和福尔马林进行熏蒸消毒，每立方米用高锰酸钾 14 克、福尔马林 28 毫升，熏蒸消毒 30 分钟后打开所有窗户进行气体流通，空置数天后，方可引进新鸡。

（3）适量添加抗生素类药物。在饲料中适量添加抗生素类药物以防继发细菌感染，饮水中添加维生素C、黄芪多糖、氨基酸等，以增加机体的抵抗力。

（4）免疫接种。鸡传染性贫血病免疫接种一般用鸡传染性贫血病弱毒冻干苗肌肉或皮下注射接种12～16周龄的种鸡（开产前6周），免疫接种后30～42天可产生抗体，并将持续至420～455天，可有效防止子代发病，但要注意，免疫接种后，种鸡40天内所产的种蛋不宜留作种用，以防疫苗感染。另外，免疫接种时还要注意，鸡传染性贫血病疫苗不宜接种6周龄以内的雏鸡。同时，及时做好雏鸡马立克氏病和传染性法氏囊病的免疫接种工作，以降低鸡群对该病的易感性。

十、禽痘

禽痘是家禽和鸟类的一种缓慢扩散的、接触性传染病。病的特征是在无毛或少毛的皮肤上有痘疹，或在口腔、咽喉部黏膜上形成纤维素性坏死性假膜。在大型鸡场易造成流行，可使鸡增重缓慢、消瘦；产蛋鸡受感染时，产蛋量暂时下降。若并发其他传染病、寄生虫病和卫生条件或营养不良时，可引起大批死亡，尤其对雏鸡可造成更严重的损失。

1. 病原

禽痘病毒为痘病毒科禽痘病毒属，这个属的代表种为鸡痘病毒。禽痘病毒科各属成员的形态一致，在感染真皮上皮和胚绒毛尿囊膜外胚层中，成熟的病毒呈砖形或卵圆形，大小250纳米×354纳米。其基因组为线状的双股DNA。病毒可在感染细胞的胞浆中增殖并形成包涵体，此包涵体内有无数更小的颗粒，称为原质小体，每个原质小体都具有致病性。

鸡痘病毒能在10～12胚龄的鸡胚成纤维细胞上生长繁殖，并产生特异性病变，细胞先变圆，继之变性和坏死。用鸡胚绒毛尿囊膜复制病毒，在接种痘病毒后的第6天，在鸡胚绒毛尿囊膜上形成一种致密的局灶性或弥漫性的痘斑，灰白色，坚实，厚约5毫米，中央为一灰死区。某些鸡胚适应毒可引起全胚绒毛尿囊膜形成弥漫性痘斑。

2. 流行特点

本病主要发生于鸡和火鸡，鸽有时也可发生，鸭、鹅的易感性低。各种日龄、性别和品种的鸡都能感染，但以雏鸡和中雏最常发病，雏鸡死亡多。本病一年四季中都能发生，秋冬两季最易流行，一般在秋季和冬初发生皮肤型鸡痘较多，在冬季则以黏膜型（白喉型）鸡痘为多。病鸡脱落和破散的痘痂，是散布病毒的主要形式。它主要通过皮肤或黏膜的伤口感染，不能经健康皮肤感染，亦不能经口感染。库蚊、疟蚊和按蚊等吸血昆虫在传播本病中起着重要的作用。蚊虫吸吮过病灶部的血液之后即带毒，带毒时间可长达10～30天，期间易感染的鸡经带毒的蚊虫刺吮后而传染，这是夏秋季节流行鸡痘的主要传播途径。打架、啄毛、交配等造成外伤，鸡群过分拥挤、通风不良、鸡舍阴暗潮湿、体外寄生虫、营养不良、缺乏维生素及饲养管理太差等，均可促使本病发生和加剧病情。如有传染性鼻炎、慢性呼吸道病等并发感染，可造成大批死亡。

3. 临床表现与特征

（1）临床症状。鸡痘的潜伏期4～50天，根据病鸡的症状和病变，可以分为皮肤型、黏膜型和混合型3种病型，偶有败血症。

①皮肤型：皮肤型鸡痘的特征是在身体无或毛稀少的部分，特别是在鸡冠、肉髯、眼睑和喙角，亦可出现于泄殖腔的周围、翼下、腹部及腿等处，产生一种灰白色的小结节，渐次成为带红色的小丘疹，很快增大如绿豆大痘疹，呈黄色或灰黄色，凹凸不平，呈干硬结节，有时和邻近的痘疹互相融合，形成干燥、粗糙

呈棕褐色的大的疣状结节，突出皮肤表面。痂皮可以存留 3～4
周之久，以后逐渐脱落，留下一个平滑的灰白色疤痕。轻的病鸡
也可能没有可见疤痕。皮肤型鸡痘一般比较轻微，没有全身性的
症状。但在严重病鸡中，尤以幼雏表现出精神萎靡、食欲消失、
体重减轻等症状，甚至引起死亡。产蛋鸡则产蛋量显著减少或完
全停产。

②黏膜型（白喉型）：此型鸡痘的病变主要在口腔、咽喉和
眼等黏膜表面。初为鼻炎症状，2～3 天后先在黏膜上生成一种
黄白色的小结节，稍突出于黏膜表面，以后小结节逐渐增大并互
相融合在一起，形成一层黄白色干酪样的假膜，覆盖在黏膜上
面。这层假膜是由坏死的黏膜组织和炎性渗出物质凝固而形成，
很像人的"白喉"，故称白喉型鸡痘或鸡白喉。如果用镊子撕去
假膜，则露出红色的溃疡面。随着病的发展，假膜逐渐扩大和增
厚，阻塞在口腔和咽喉部位，使病鸡尤以幼雏鸡呼吸和吞咽障
碍，严重时嘴无法闭合，病鸡往往作张口呼吸，发出"嘎嘎"
的声音。病鸡由于采食困难，体重迅速减轻，精神萎靡，最后窒
息死亡。此型鸡痘多发生于小鸡和中鸡，死亡率高，小鸡死亡可
达 50%。有些严重病鸡，鼻和眼部也受到侵害，产生所谓眼鼻
型的鸡痘。先是眼结膜发炎，眼和鼻孔中流出水样分泌物，以后
变成淡黄色浓稠的脓液。时间稍长者，由于眶下窦有炎性渗出物
蓄积，因而病鸡的眼部肿胀，结膜充满脓性或纤维素性渗出物，
可以挤出一种干酪样的凝固物质，甚至引起角膜炎而失明。

③混合型：本型是指皮肤和口腔黏膜同时发生病变，病情严
重，死亡率高。

④败血型：在发病鸡群中，个别鸡无明显的痘疹，只是表现
为下痢、消瘦、精神沉郁，逐渐衰竭而死，病禽有时也表现为
急性死亡。

鸡痘的发病率高低不一，由少数到全群都发病，死亡率也不

相同。这与病毒的强弱、饲养管理条件、是否及时采取防制措施有关。一般成年鸡死亡率小，中雏死亡约5%，幼雏可达10%以上。特别是鸡群拥挤、卫生条件差饲料不足时，或者是混合型病例时，最严重病例可达50%的死亡率。

（2）病理变化。皮肤型鸡痘的特征性病变是局灶性表皮和其下层的毛囊上皮增生，形成结节。结节起初表现湿润，后变为干燥，外观呈圆形或不规则形，皮肤变得粗糙，呈灰色或暗棕色。结节干燥前切开切面出血、湿润，结节结痂后易脱落，出现瘢痕。

白喉型禽痘，其病变出现在口腔、鼻、咽、喉、眼或气管黏膜上。黏膜表面稍微隆起白色结节，以后迅速增大，并常融合而成黄色、奶酪样坏死的伪白喉或白喉样膜，将其剥去可见出血糜烂，炎症蔓延可引起眶下窦肿胀和食管发炎。

败血型鸡痘，其剖检变化表现为内脏器官萎缩，肠黏膜脱落，若继发引起网状内皮细胞增殖症病毒感染，则可见腺胃肿大，肌胃角质膜糜烂、增厚。

4. 诊断与鉴别诊断

（1）诊断。根据发病情况，病鸡的冠、肉髯和其他无毛部分的结痂病灶以及口腔和咽喉部的白喉样假膜就可作出初步诊断。确诊则有赖于实验室检查。

（2）鉴别诊断。皮肤型鸡痘易与生物素缺乏相混淆，生物素缺乏时，因皮肤出血而形成痘痂，其结痂小，而鸡痘结痂较大。黏膜型鸡痘易与传染性鼻炎相混淆，传染性鼻炎时上下眼睑肿胀明显，用碘胺类药物治疗有效，黏膜型鸡痘时上下眼睑多黏合在一起，眼肿胀明显，用磺胺类药物治疗无效。

5. 防制

（1）预防。鸡痘的预防，除了加强鸡群的卫生、管理等一般性预防措施之外，可靠的办法是接种疫苗。目前，常用的疫苗为鸡痘鹌鹑化弱毒疫苗：按实含组织量用50%甘油生理盐水或生理盐水稀释100倍后应用，稀释后当天用完。用消毒过的钢笔尖蘸取疫苗，在鸡翅内侧无血管处皮下刺种1~2针。1月龄以内的雏鸡一针，1月龄以上的鸡刺两针，或按鸡只日龄稀释疫苗，1~15日龄鸡稀释200倍，15~16日龄鸡稀释100倍，2~4月龄鸡稀释50倍，每鸡刺种1针，刺种后3~4天，刺种部位微现红肿、水泡及结痂，2~3周痂块脱落，免疫期5个月。此种疫苗较后两种好，但对雏鸡反应严重。

（2）治疗。

①目前尚无特效治疗药物，主要采用对症疗法，以减轻病鸡的症状和防止并发症。皮肤上的痘痂，一般不做治疗，必要时可用清洁镊子小心剥离，伤口涂碘酒、红汞或紫药水。对白喉型鸡痘，应用镊子剥掉口腔黏膜的假膜，用1%高锰酸钾洗后，再用碘甘油或鱼肝油涂擦。病鸡眼部如果发生肿胀，眼球尚未发生损坏，可将眼部蓄积的干酪样物排出，然后用2%硼酸溶液或1%高锰酸钾冲洗干净，再滴入5%蛋白银溶液。剥下的假膜、痘痂或干酪样物都应烧掉，严禁乱丢，以防散毒。发生鸡痘后也可视鸡日龄的大小，紧急接种新城疫Ⅰ系或Ⅳ系疫苗，以干扰鸡痘病毒的复制，达到控制鸡痘的目的。

②发生鸡痘后，由于痘斑的形成造成皮肤外伤，这时易继发引起葡萄球菌感染，而出现大批死亡。所以，大群鸡应使用广谱抗生素如0.008%环丙沙星或培福沙星、恩诺沙星或0.01%氟甲砜霉素拌料或饮水，连用4~5天。

（3）其他治疗措施。

①用鸡新城疫Ⅰ系苗疗法将疫苗进行10倍稀释，给患鸡胸肌注射，每天2次，每次0.5毫升，连注2~3天注射疫苗3天后，患部皮肤变干结痂，7~10天后痘痂变黑脱落，形成浅红色或淡白色瘫痕，逐渐消失后即痊愈。

②白喉型病鸡，用喉症丸 2~3 粒填入病鸡口中，连服 2 天。若病鸡多，可按每只 2 粒拌料 1 次服，连喂 2 天，眼上的病痘，可在服丸药的同时，取 2~3 粒药丸，用 1 滴水研成糊外敷，1 日两次。

③黄芪、党参、槟榔、首乌、山楂 60 克，肉桂 20 克，为 100 只鸡用量，水煎服，日服 3 次，用以拌配合饲料或代替饮水，重者可灌服 5~10 毫升，1~3 剂痊愈。

④用菜籽油拌入少量食盐，拌匀，先用镊子剥病鸡患病的痘痂，再用药棉蘸取菜油盐剂在痘迹处反复涂擦，每天早、晚各 1 次，2~3 天即痊愈，如病情严重可反复涂擦 4~5 天，即可根治。

⑤用 30% 的碘酒涂抹病鸡冠、肉髯、耳等患部，每日 1 次，一般重复涂 2~3 次可愈但要注意千万不要将碘酒涂到眼内。

⑥灌服六神丸，每只每次 2~3 粒，填入病鸡口中，连服 2 天即愈。如病鸡数量大，可按用药量将药化开拌食 1 次投服，连喂 2 天。

⑦用硫黄软膏治鸡痘，此药医药部门均有售，先用稀盐水洗脱痘痂，后涂上软膏，每日早、晚各 1 次，2 天即愈。

⑧用皮康霜治鸡痘，用镊子揭去痘痂，涂以皮康霜，一般用药 1 次后经数日即见痊愈。个别痘痂面积大的用药 2~3 次即可。

⑨对白喉型病鸡，可用火柴棒挑 1 块火柴头大小的清凉油填入鸡口中，如此 3~5 次病鸡即可痊愈。

十一、肉鸡肿头综合征

肉鸡肿头综合征是肉鸡所患的一种原因不明的传染病，其主要特征是面部肿胀，故又称为"脸肿综合征"。种鸡群表现为产蛋率下降，商品鸡群发生此病死亡率较高，病鸡愈后发育不良。本病于 20 世纪 70 年代初在南非鸡群中的一次新城疫暴发后期首次报道，并分离出一种病毒。1980 年以来，英国、法国、意大利、以色列、德国、荷兰、西班牙等国家陆续有本病发生的报道。近年来，我国也有此病的发生。

1. 病原

本病的病原为禽肺病毒，但单独接种禽肺病毒或大肠杆菌都不能引起典型的肿头综合征。现在一般认为鸡首先感染禽肺病毒，引起鼻炎和皮肤搔伤，造成大肠杆菌感染，侵入面部皮下组织，引起肿头症状。

2. 流行特点

本病常见于 4~7 周龄的商品肉鸡，也见于成年蛋鸡，传播迅速，2 日内可波及全场各群。根据饲养管理和治疗情况的不同，发病率一般为 10%~50%，病死率 1%~20% 不等，病程为10~14 天。最近的研究和现场观察证明，传染性法氏囊病病毒、鸡传染性贫血病毒或其他尚未鉴定的病原所引起的免疫抑制，能使鸡对鼻气管炎病毒的易感性升高，进而削弱鸡体对大肠杆菌和其他细菌的抵抗力。某些地方肿头综合征的发生具有季节性，表明恶劣的环境应激在本病的发生上有某种作用。不正确地接种呼吸道病活毒疫苗，过于频繁地接种或喷雾免疫接种不当，均可诱发肿头综合征。

3. 临床表现与特征

（1）临床症状。肉鸡肿头综合征主要发生于肉用仔鸡和育成鸡，主要侵害呼吸道。表现为喘鸣、咳嗽、眼鼻流出分泌物，并伴有结膜，鼻窦和眶下窦及面部肿胀。产蛋鸡发病时死亡率较低。大多数肉用种鸡的发病日龄为 30 周龄左右，其特征为产蛋量或多或少下降以及数量不一的病鸡出现斜颈、定向障碍和精神沉郁等神经症状。约有 10% 的精神沉郁的病鸡在 48 小时内出现脸部明显水肿，肿胀从眼眶周围扩展到整个头部，并可向下漫延到下颌间的肉髯。病鸡用爪搔抓脸部和将头在肩部摩擦，羽毛被眼、鼻和耳的分泌物所污染，粪便可能出现恶臭气味。

（2）病理变化。急性卵黄性腹膜炎，腹腔内可见卵黄和蛋壳碎片。头部周围皮下组织充满胶冻状渗出物或化脓，在一些严重病例中，还出现肉髯的发绀和肿胀。颅骨气腔中充满干酪样物质；中耳感染，鼻甲骨黏膜和泪腺淤血和有点状出血，眼结膜发炎，有时可见角膜溃疡。

4. 诊断

根据以眼睛周围为中心的整个头部肿胀，皮下水肿、胶状浸润、干酪样渗出物。肉仔鸡短时间集中发病和死亡，种鸡产蛋率降低等症状可作出初步诊断。但确诊需进行实验室检查。

5. 防制

舍内过量的氨气和尘埃可加重本病，因此，良好的通风，干洁的垫料和低密度饲养，结合抗生素治疗以控制细菌继发感染是降低本病严重性的重要措施。可选用磺胺类药物拌料，连用7～8天。在全进全出制的饲养管理中，当感染鸡清群后，进行禽舍的彻底清扫和消毒，可有效地阻断本病在两群间的传播机会。像预防其他疾病一样，良好的饲养管理和环境卫生有助于肿头综合征的预防。

应用经传代鸡胚50代而致弱的1株弱毒给1日龄肉鸡滴眼，能使接种鸡抵抗4周龄时的同种病毒的攻击。南非正是在大量使用此疫苗后1年，肉鸡肿头综合征已很少发生。

十二、禽网状内皮组织增殖病

禽网状内皮组织增殖病是指由逆转录病毒科禽类 C 型逆转录病毒中的网状内皮组织增殖病病毒引起的鸡、鸭、火鸡和其他禽类的一群病理综合征。这群病理综合征包括急性网状细胞肿瘤形成、生长抑制综合征、淋巴组织和其他组织的慢性肿瘤形成。

1. 病原

网状内皮组织增殖病病毒属于逆转录病毒科禽类 C 型逆转

录病毒的 RNA 病毒，它在免疫学、形态学和结构上都不同于禽
白血病和肉瘤群的逆转录病毒。

2. 流行病学特点

网状内皮组织增殖病病毒感染的自然宿主有鸡、火鸡、鸭、
鹅和日本鹌鹑，其中，鸡和火鸡发病最常见。鸡在接种意外污染
网状内皮组织增殖病病毒的疫苗后也能发病。网状内皮组织增殖
病病毒感染鸡胚或低日龄鸡，特别是新孵出的雏鸡，引起严重的
免疫抑制或免疫耐受。而大日龄鸡免疫机能完善，感染后不出现
或出现一过性病毒血症。

网状内皮组织增殖病病毒可以通过直接或间接传播。从血清
学阳性鸡的粪便、口腔、泄殖腔拭子，其他体液和垫料中都曾分
离出病毒。排毒可能主要发生在活动性毒血症期间。另外，昆虫
在网状内皮组织增殖病病毒的传播中也起了一定的作用。曾经从
骚扰锥蝽、毛白钝缘蜱和蚊子体内分离出有感染力的网状内皮组
织增殖病病毒，并证明健康鸡暴露于以前叮咬过有持续毒血症鸡
的环缘库蚊后发生明显的感染传播。而接触感染可因禽的种类、
日龄及病毒株不同而不同，人、器械等也可以机械性地传播该
病，有人发现野禽带有网状内皮组织增殖病病毒，这样就给本病
的控制带来困难。

网状内皮组织增殖病病毒的垂直传播在鸡、火鸡和鸭都已有
报道，而且雌雄鸡在传播中都有重要作用。已从母鸡生殖道、公
禽的精液及火鸡、鸡、鸭胚中分离到该病毒。通常传播率很低。
另外污染网状内皮组织增殖病病毒的商业禽用疫苗也是其传播的
一个重要因素。给鸡接种网状内皮组织增殖病病毒污染的马立克
氏病疫苗、禽痘疫苗、鸡新城疫疫苗，亦可引起人工传播。这种
意外事件常造成很高比例的矮小病或肿瘤形成，因为群内全部家
禽在幼龄时接受了大剂量的病毒。

3. 临床表现与特征

RE 包括急性网状细胞肿瘤形成、矮小病综合征、淋巴组织和其他组织的慢性肿瘤形成。

（1）急性网状细胞肿瘤形成。主要由不完全复制的网状内皮组织增殖病病毒-T 株引起，潜伏期最短 3 天，通常在接种后 6～21 天出现死亡，很少有特征性临床表现，但新出雏鸡或雏火鸡接种后死亡率可达到 100%。

肝脏、脾脏肿大，有时有局灶性灰白色肿瘤结节或呈弥漫性肿大，胰脏、心脏、肌肉、小肠、肾脏及性腺有时也可见肿瘤；偶尔引起火鸡、鸡的外周神经肿大；法氏囊常见萎缩。

（2）矮小病综合征。又称生长抑制综合征，或僵鸡综合征，是由完全复制型网状内皮组织增殖病病毒毒株引起的几种非肿瘤疾病的总称。患禽发育受阻，体格瘦小，其中，羽毛发育异常是其明显特征。患禽的翼羽初级、次级飞羽变化更为明显。羽毛粘到局部的毛干上，羽干和羽支变细，透明感明显增强，邻近的羽刺脱落变稀。

（3）慢性肿瘤形成。包括鸡法氏囊型淋巴瘤，非法氏囊型淋巴瘤、火鸡淋巴瘤和其他淋巴瘤。

①鸡法氏囊型淋巴瘤：由完全复制型网状内皮组织增殖病病毒毒株（如鸡合胞体病毒）或完全型网状内皮组织增殖病病毒-T 株（含有禽网状内皮组织增殖病辅助病毒）引起。潜伏期较长。表现为肝脏、法氏囊呈肿瘤性生长，肿瘤细胞是 B 细胞样；法氏囊淋巴滤泡可发生转化，皮质和髓质分界不清，处于分裂期的细胞增多，表现为初级未成熟、大小一致的细胞形态。

②鸡非法氏囊型淋巴瘤：由完全复制型网状内皮组织增殖病病毒毒株引起，潜伏期最短的 6 周。表现为法氏囊萎缩，脾脏、心脏、肝脏和胸腺有肿瘤，外周神经肿胀，接近于矮小病综合征。

③火鸡淋巴瘤：由完全复制型网状内皮组织增殖病病毒引起，自然感染时 15～30 周、试验感染时 8～11 周后可见肝脏和其他内脏器官出现肿瘤。

④其他淋巴瘤：禽网状内皮组织增殖病也有其他家禽，如鹅、鸭、雉鸡和日本鹌鹑发生的报道。自然感染网状内皮组织增殖病病毒的成年鹅，脾脏、肝脏、胰腺和肠道有弥漫性浸润肿大或结节性淋巴瘤，而其他器官很少见有类似病变；病变器官实质细胞成分萎缩、变性坏死，肿瘤细胞由成淋巴细胞和轻度分化的前浆细胞组成，有时有肝脏、脾和轻度分化的前浆细胞组成，有时在肝脏、脾脏内的小血管壁见有淀粉样物质沉着。Prek 等报道 6 月龄鸭禽网状内皮组织增殖病的爆发，其特征为全身性白血病，肝脏、脾脏等内脏器官出现淋巴瘤。6～12 月雉鸡也发生过与网状内皮组织增殖病病毒有关的疾病，特征是头部和口部出现皮肤病变，内脏器官有结节性淋巴瘤。日本鹌鹑网状内皮组织增殖病病毒自然感染后呈现肝脏、脾脏的淋巴瘤和肠道结节状肿瘤。

尽管禽网状内皮组织增殖病可人为地分成以上几类，但有时又难以区分。即使在同一试验或同一只鸡，也可见到不同的病变类型。

4. 诊断

RE 的诊断须在典型病理变化的基础上，结合检测网状内皮组织增殖病病毒或其抗体进行。除检测病毒或其抗原外，检测鸡血清或蛋黄中的抗体也可作为诊断方法。琼脂凝胶沉淀反应、直接或间接荧光抗体试验、ELISA、病毒中和试验等均可检出血清或卵黄中的抗体，而与血清比较，用卵黄则更为简便。

5. 防制

目前，RE 的治疗方法尚无报道。关于禽网状内皮组织增殖病的免疫防制，Baxter-Gabbard 等利用病毒阳性鸡肝脏、脾脏匀浆经差速和蔗糖梯度离心后浓缩制备的抗原和鸡胚成纤维细胞繁殖的网状内皮组织增殖病病毒-T 株病毒经蔗糖梯度离心浓缩制备的抗原免疫雏鸡后，12 天后以强毒力毒株（网状内皮组织增殖病病毒-T）攻击能提供 100%的保护；而经十二烷基硫酸钠裂解的浓缩抗原提供 87%的保护。但是，现今禽网状内皮组织增殖病疫苗研究仅停留在实验室研究阶段，尚无商业化生产推广应用。

十三、禽传染性脑脊髓炎

禽脑脊髓炎又名流行性震颤，是鸡的一种病毒性传染病，主要侵害 1~3 周龄的雏鸡。临床上病鸡发生共济失调、站立不稳、侧卧、头部震颤为主要特征的疾病，并发生雏鸡大量死亡和产蛋鸡暂时性产蛋量下降。

1. 病原

禽脑脊髓炎病毒属于小 RNA 病毒科的肠道病毒属。病毒对氯仿、乙醚、酸、胰酶、胃蛋白酶及 DNA 酶有抵抗力，所有禽脑脊髓炎病毒的不同分离株属同一血清型，但各毒株的致病性和对组织的亲嗜性不同，大部分野外分离株为嗜肠性，且易经口传染给鸡并从粪便排毒，通过垂直传播或出壳早期水平传播使易感雏鸡致病，在这些病例中，一般表现有神经症状。野外分离株通过易感小鸡的脑内接种也能产生神经症状。

2. 流行特点

自然感染见于鸡、雉、鹌鹑和火鸡，雏禽有明显的临诊症状。在雏鸭、珍珠鸡等禽类，鸡最易感。小鼠、豚鼠、家兔和猴对病毒的脑内接种有抵抗力。经脑内接种很易在小鸡复制禽脑脊髓炎病毒，此病可通过垂直传播，也能水平传播。禽脑脊髓炎病毒的主要传播方式是消化道传播，感染鸡通过粪便排出病毒，其排毒时间为 5~14 天，感染时鸡龄越小，排毒时间越长。病毒在

环境中有较强的抵抗力，在垫料中可存活 4 周以上，易感鸡接触
到被污染的饲料、饮水、用具等而被感染。垂直传播是本病主要
的传播方式，产蛋鸡感染 3 周内所产的蛋带有病毒。一些严重感
染的胚蛋在孵化后期死亡。大部分的鸡胚可以孵化出壳，但出壳
的雏禽在出壳数天内陆续出现典型的临诊症状。

一般在感染之后 3~4 周，种蛋内的母源抗体可保护雏鸡顺
利出壳并不出现 AE 的临诊症状。本病一年四季均可发生，发病
率及死亡率随鸡群的易感鸡多少、病原的毒力高低、发病的日龄
大小不同而有所不同。雏鸡发病率一般为 40%~60%，死亡率
10%~25%，甚至有更高，如毕英佐等报道广东某种鸡场用开产
后一个月内的蛋孵出的 1~6 批雏鸡发生禽脑脊髓炎病，死亡率
高达 81%~100%。

3. 临床表现与流行特征

（1）临床症状。经垂直传播而感染的小鸡潜伏期 1~7 天，
经水平传播感染的小鸡，其潜伏期为 11 天，以上（12~30 天）。
在自然暴发的病例中，雏鸡出壳后就陆续发病，病雏最初表现为
迟钝，精神沉郁，小鸡不愿走动或走几步就蹲下来，常以跗关节
着地，继而出现共济失调，走路蹒跚，步态不稳，驱赶时勉强用
跗关节走路并拍动翅膀。病雏一般在发病 3 天，后出现麻痹而倒
地侧卧，头颈部震颤一般在发病 5 天，后逐渐出现，一般呈阵发
性音叉式的震颤；人工刺激如给水加料、驱赶、倒提时可激发。
有些病鸡趾关节卷曲、运动障碍、羽毛不整合发育受阻，平均体
重明显低于正常水平。部分存活鸡可见一侧或两侧眼球的晶状体
混浊或浅蓝色褪色，眼球增大及失明。发病早期小鸡食欲尚好，
但因运动障碍，病鸡难以接近食槽和水槽而饥渴衰竭死亡。在大
群饲养条件下，鸡只也会互相践踏或继发细菌性感染而死亡。中
成鸡感染除出现血清学阳性反应外，无明显的临诊症状或肉眼可
见的病理变化。产蛋鸡感染后产蛋下降 16%~43%。产蛋下降

后 1~2 周恢复正常。孵化率可下降 10%~35%，蛋重减少，除畸形蛋稍多外，蛋壳颜色基本正常。

（2）病理变化。一般内脏器官无特征性的肉眼病变，个别病例能见到脑膜血管充血、出血。如细心观察可偶见病雏肌胃的肌层有散在的灰白区。成年鸡发病无上述病变。

主要病变集中在中枢神经系统和部分内脏器官如肌胃、腺胃、胰腺、心肌和肾脏等，而周围神经无病变。中枢神经主要显示病毒性脑炎的病变，如神经元变性，胶质细胞增生和血管套现象。在延脑和脊髓灰质中可见神经元中央染色质溶解、神经元细胞肿大、树突和轴突消失、细胞核偏移或消失，仅剩下染色均匀的粉红色或紫红色神经元残迹。在中脑、小脑的分子层、延脑和脊髓中发现有胶质细胞增生灶。脑组织内有以淋巴细胞性管层为主的血管套现象。

内脏器官的病变表现为淋巴细胞灶性增生，在腺胃黏膜和肌层、胰腺、肌胃、肾等器官切片中均有发现。

4. 诊断与鉴别诊断

（1）诊断。根据雏禽出壳后陆续出现瘫痪、早期食欲尚好、剖检无明显的特征性肉眼变化，追踪到其种鸡有短暂的产蛋下降，且某段时间内孵出的多批小鸡需分发到不同地方饲养，但均出现麻痹、震颤和死亡等情况，结合组织病理学特征性变化，即可做初步的诊断。确诊应进行实验室诊断。

（2）鉴别诊断。

①与有脚病、瘫痪等症状的疾病区别：鸡新城疫：有呼吸道症状，拉绿粪，存活鸡有头颈扭曲的症状，腺胃及消化道有出血。血凝抑制抗体明显增高，组织学虽有病毒性脑炎的病变，但腺胃、肌胃、胰腺等内脏器官组织学无淋巴细胞灶性增生，分离病毒能凝集鸡的红细胞。

马立克氏病：临诊死亡一般发生在 70 日龄以后，而有内脏肿瘤病变和外周神经病变，如单侧性的坐骨神经肿大。禽脑脊髓炎病无外周神经系统的病变。

病毒性关节炎：自然感染多发于 4～7 周龄鸡，病鸡跛行，跗关节肿胀，鸡群中有部分鸡呈现发育迟缓、嘴脚苍白、羽毛生长不良等，心肌纤维间有异噬细胞浸润。

维生素 E、硒缺乏：肉眼可见脑软化，小脑充血、出血、肿胀和脑回不清等病变，组织学病变如局部缺血性坏死，脱髓鞘等。硒缺乏病可见腹部皮下有多量液体积聚，有时呈蓝紫色，有些鸡肌肉苍白，胸肌有白线状坏死的肌纤维。补充维生素 E、硒合剂能控制病情。

维生素 B_2 缺乏：常发生于 2 周龄雏鸡。雏鸡脚趾向内弯曲，腿麻痹，行走困难，剖检时见坐骨神经比正常肿大 3～4 倍。幼雏维生素 B_2 缺乏是由种鸡群 B_2 缺乏引起的，每只鸡每天喂服维生素 B_2 5 毫克可得到改善。维生素 B_1 缺乏、烟酸缺乏、维生素 D_3 缺乏也会引起脚弱症状，适当补充能控制病情，改善症状。

中毒性因素：药物中毒如抗球虫药拉沙星菌素使用时间过长或与氯霉素合用；莫能霉素或盐霉素与红霉素、氯霉素、支原净等同时使用，会使雏鸡脚软，共济失调等。

另外，近年来因使用含氟过高的磷酸氢钙而造成的氟中毒，雏鸡腿无力，走路不稳，严重时出现跛行或瘫痪，剖检见鸡胸骨发育与日龄不符，腿骨松软，易折而不断，主要原因是高氟进入机体后与血钙结合成不溶性氧化物使血钙降低，为补充血钙，骨钙不断释放而导致骨钙化不全。

②与引起产蛋下降，但无明显的症状和不引起鸡死亡的疾病的区别：产蛋下降综合征：产蛋严重下降，持续时间长，恢复后产蛋很难达到原来水平，且蛋壳变白色，产无壳蛋、软壳蛋或畸形蛋。减蛋后 1 周取输卵管的刮落物作病料接种鸭胚，可分离到

能凝集鸡血细胞的腺病毒。

传染性支气管炎：有呼吸性症状，产蛋下降，畸形蛋增加，蛋的品质变化，蛋清稀薄如水。

非典型新城疫：只有产蛋下降，鸡无明显的症状，减蛋1周后，血凝抑制抗体明显上升。

低致病力毒株引起的禽流感：只有产蛋下降，通过血清学及病原分离进行鉴别。

5. 防制

（1）防治措施。加强消毒与隔离措施，防止从疫区引进种苗和种蛋。鸡感染后一个月内的蛋不宜孵化。禽脑脊髓炎病发生后，目前尚无特异性疗法。将轻症鸡隔离饲养，加强管理并投与抗生素预防细菌感染，维生素 E、维生素 B_1、谷维素等药可保护神经和改善症状。重症鸡应挑出淘汰。全群还可用抗禽脑脊髓炎病毒的卵黄抗体作肌肉注射，每只雏鸡 0.5～1.0 毫升，每日1次，连用2天。

（2）免疫接种。禽脑脊髓炎病毒冻干苗。用于预防鸡脑脊髓炎病毒感染，可用于 10 周龄以上的鸡，作种母鸡可在 10～12 周龄时和产蛋前 3 周各接种一次。接种后 14 天，产生免疫力，免疫期为 6 个月。禽脑脊髓炎病油乳剂灭活苗。灭活苗用于预防脑脊髓炎或用于种鸡群，使后代雏鸡获得母源抗体。常用于 10 周龄及 18～19 周龄种鸡。接种后 9～14 天，产生免疫力，免疫期可持续 9 个月。

十四、禽白血病

禽白血病是由禽 C 型反录病毒群的病毒引起的禽类多种肿瘤性疾病的统称，主要是淋巴细胞性白血病，其次是成红细胞性白血病、成髓细胞性白血病。此外，还可引起骨髓细胞瘤、结缔组织瘤、上皮肿瘤、内皮肿瘤等。大多数肿瘤侵害造血系统，少数侵害其他组织。

1. 病原

禽白血病病毒属于反录病毒科禽 C 型反录病毒群。禽白血病病毒与肉瘤病毒紧密相关，因此，统称为禽白血病/肉瘤病毒。禽白血病病毒的多数毒株能在 11~12 日龄鸡胚中良好生长，可在绒毛尿囊膜产生增生性痘斑。腹腔或其他途径接种 1~14 日龄易感雏鸡，可引起鸡发病。

2. 流行病学

本病在自然情况下只有鸡能感染。人工接种在野鸡、珍珠鸡、鸽、鹌鹑、火鸡和鹧鸪也可引起肿瘤。不同品种或品系的鸡对病毒感染和肿瘤发生的抵抗力差异很大。母鸡的易感性比公鸡高，多发生在 18 周龄以上的鸡，呈慢性经过，病死率为 5%~6%。

传染源是病鸡和带毒鸡。有病毒血症的母鸡，其整个生殖系统都有病毒繁殖，以输卵管的病毒浓度最高，特别是蛋白分泌部位，因此，其产出的鸡蛋常带毒，孵出的雏鸡也带毒。这种先天性感染的雏鸡常有免疫耐受现象，它不产生抗肿瘤病毒抗体，长期带毒排毒，成为重要传染源。后天接触感染的雏鸡带毒排毒现象与接触感染时雏鸡的日龄有很大关系。雏鸡在 2 周龄以内感染这种病毒，发病率和感染率很高，残存母鸡产下的蛋带毒率也很高。4~8 周龄雏鸡感染后发病率和死亡率大大降低，其产下的蛋也不带毒。10 周龄以上的鸡感染后不发病，产下的蛋也不带毒。

在自然条件下，本病主要以垂直传播方式进行传播，也可水平传播，但比较缓慢，多数情况下接触传播被认为是不重要的。本病的感染虽很广泛，但临床病例的发生率相当低，一般多为散发。饲料中维生素缺乏、内分泌失调等因素可促进本病的发生。

3. 症状和病理变化

禽白血病由于感染的毒株不同，症状和病理特征不同。

（1）淋巴细胞性白血病。是最常见的一种病型。在14周龄以下的鸡极为少见，至14周龄以后开始发病，在性成熟期发病率最高。病鸡精神委顿，全身衰弱，进行性消瘦和贫血，鸡冠、肉髯苍白、皱缩，偶见发绀。病鸡食欲减少或废绝，腹泻，产蛋停止。腹部常明显膨大，用手按压可摸到肿大的肝脏，最后病鸡衰竭死亡。

剖检可见肿瘤主要发生于肝、脾、肾、法氏囊，也可侵害心肌、性腺、骨髓、肠系膜和肺。肿瘤呈结节形或弥漫形，灰白色到淡黄白色，大小不一，切面均匀一致，很少有坏死灶。组织学检查，见所有肿瘤组织都是灶性和多中心性的，由成淋巴细胞（淋巴母细胞）组成，全部处于原始发育阶段。

（2）成红细胞性白血病。此病较少见。通常发生于6周龄以上的高产鸡。临床上分为两种病型：即增生型和贫血型。增生型较常见，主要特征是血液中存在大量的成红细胞，贫血型在血液中仅有少量未成熟细胞。两种病型的早期症状为全身衰弱，嗜睡，鸡冠稍苍白或发绀。病鸡消瘦、下痢。病程从12天到几个月。

剖检时见两种病型都表现全身性贫血，皮下、肌肉和内脏有点状出血。增生型的特征性肉眼病变是肝、脾、肾呈弥漫性肿大，呈樱桃红色到暗红色，有的剖面可见灰白色肿瘤结节。贫血型病鸡的内脏常萎缩，尤以脾为甚，骨髓色淡呈胶冻样。检查外周血液，红细胞显著减少，血红蛋白量下降。增生型病鸡出现大量的成红细胞，占全部红细胞的90%～95%。

（3）成髓细胞性白血病。此型很少自然发生。其临床表现为嗜睡，贫血，消瘦，毛囊出血，病程比成红细胞性白血病长。剖检时见骨髓坚实，呈红灰色至灰色。在肝脏，偶然也见于其他内脏发生灰色弥散性肿瘤环节。组织学检查见大量成髓细胞于血管内外积聚。外周血液中常出现大量的成髓细胞，其总数可占全部血组织的75%。

（4）骨髓细胞瘤病。此型自然病例极少见。其全身症状与成髓细胞性白血病相似。由于骨髓细胞的生长，头部、胸部和跗骨异常突起。这些肿瘤很特别地突出于骨的表面，多见于肋骨与肋软骨连接处、胸骨后部、下颌骨以及鼻腔的软骨上。骨髓细胞瘤呈淡黄色、柔软脆弱或呈干酪状，呈弥散或结节状，且多两侧对称。

（5）骨硬化病。在骨干或骨干长骨端区存在有均一的或不规则的增厚。晚期病鸡的骨呈特征性的"长靴样"外观。病鸡发育不良、苍白、行走拘谨或跛行。

（6）其他。如血管瘤、肾瘤、肾胚细胞瘤、肝癌和结缔组织瘤等，自然病例均极少见。

4. 诊断

实际诊断中常根据血液学检查和病理学特征结合病原和抗体的检查来确诊。成红细胞性白血病在外周血液、肝及骨髓涂片，可见大量的成红细胞，肝和骨髓呈樱桃红色。成髓细胞性白血病在血管内外均有成髓细胞积聚，肝呈淡红色，骨髓呈白色。淋巴细胞性白血病应注意与马立克氏病鉴别（详见马立克氏病）。但病原的分离和抗体的检测是建立无白血病鸡群的重要手段。

5. 防制

本病主要为垂直传播，病毒型间交叉免疫力很低，雏鸡免疫耐受，对疫苗不产生免疫应答，所以，对本病的控制尚无切实可行的方法。

减少种鸡群的感染率和建立无白血病的种鸡群是控制本病的最有效措施。种鸡在育成期和产蛋期各进行2次检测，淘汰阳性鸡。从蛋清和阴道拭子试验阴性的母鸡选择受精蛋进行孵化，在隔离条件下出雏、饲养，连续进行4代，建立无病鸡群。但由于费时长、成本高、技术复杂，一般种鸡场还难以实行。

鸡场的种蛋、雏鸡应来自无白血病种鸡群，同时加强鸡舍孵化、育雏等环节的消毒工作，特别是育雏期（最少1个月）封闭隔离饲养，并实行全进全出制。抗病育种，培育无白血病的种鸡群。生产各类疫苗的种蛋、鸡胚必须选自无特定病原（SPF）鸡场。

第二节　肉鸡细菌性疾病

一、巴氏杆菌病

禽巴氏杆菌病又称禽霍乱，由禽多杀性巴氏杆菌引起。是一种接触性传染病，危害多种家禽、野禽，多为最急性、急性、慢性3个过程。急性型发病突然呈急性型败血症，同时，出现高热、下痢、呼吸困难、死亡率高为主要特点。低毒感染或急性发病之后，可出现慢性的、局部性的疾病。多出现呼吸道炎、关节炎，但慢性发病率和死亡率都低于急性型和最急性型。本病一旦发生，以其具有较高的死亡率以及导致生产性能低下等特点，给养禽业造成颇大的损失。这是一种目前尚无很好防治方法而又造成重大经济损失的禽类疾病。

本病早在1782年、1836年被学者Chabert、Mailet通过多年的研究证实该病的存在，并定名为禽霍乱。在随后的几十年的研究过程中，在1879年学者Toussant首次分离出致病菌，并证明该菌是禽霍乱唯一致病菌。

1. 病原

本病的病原是多杀性巴氏杆菌，是巴氏杆菌属中最重要的一种致病菌，多杀性巴氏杆菌它是兼性厌氧菌，菌体呈球杆状或短杆状大小为革兰氏染色阴性常单个存在较少成对或成短链。将病料组织或体液制成的涂片用瑞氏、姬姆萨或美蓝染色后镜检可见两极深染的短杆菌，但陈旧或多次继代的培养物两极染色不明显。

该菌可大量寄生在动物的上呼吸道和消化道黏膜上各种诱因使禽机体抵抗力降低时病原菌即可乘虚侵入体内经淋巴液而入血流发生内源性感染。此外，也可经呼吸道消化道以及损伤的皮肤和黏膜感染病原原侵入机体并进行繁殖。同时，菌体的荚膜对于高毒力菌株能够在体内存活和繁殖有很大关系，产生大量内毒素的程度可以引起一系列的病理变化、临床症状，根据这些可以做出初步的诊断，但是确诊有赖于细菌学检查。

2. 流行病学

禽霍乱对于家禽及野禽危害极为严重，肉鸡非常易感染。其他许多家禽、野禽都能不同程度地受到感染，同时，16 周以下的肉鸡的抵抗力相比较强，不过曾经也有 10 日龄发病鸡群。总之，相对于雏鸡的发病率与死亡率成年鸡表现居高。当突然断水、断料或者是突然改变饲料，这些都会使得鸡对多杀性巴氏杆菌的易感性增大，或者是在饲养管理不当、天气突然变化、营养不良、机体抵抗力减弱和细菌毒力增强时即可发病。

该病的主要传染源是带菌鸡以及病鸡，特别是有新鸡转入带菌鸡群中，或者将带菌鸡调入其他鸡群时，更容易引发该病的流行性。病鸡的尸体、粪便、分泌物和被污染的运动场所、土壤、饲料、饮水、用具等是传染的主要来源。昆虫也可能成为传染的媒介。本病一年四季均可发生和流行，但在高温、潮湿，多雨的夏秋两季以及气候多变，最容易发生。外购病禽或处在潜伏期的家禽都可带入本病，主要通过呼吸道及皮肤创伤传染。

3. 临床特点与表现

自然病例潜伏期一般为 2～9 天，在人工感染的情况下，通常在 24 小时左右发病。对于家禽本身体抗力的差异，病原菌毒力的差异以及在不同阶段的发病和病程的长短不一，可以将该病划分为最急性、急性和慢性。

（1）临床特征。

①最急性型：对于鸡来说，死亡病鸡几乎完全看不到症状，突然死在鸡窝内或栖架下，而该病多发生于肥胖的鸡群，对于追求肉鸡速成，患病几率将大大提高。

②急性型：肉鸡主要表现精神不振，羽毛松乱，缩颈闭眼，弓背，头藏于翅下，食欲减退或废绝，体温升高，由于身体发热，饮水增加，呼吸困难，口鼻流出黏液，死前可见头、冠、肉髯发绀。常有腹泻，排出白色水样粪便或绿色稀粪，并伴有恶臭味。产蛋量明显下降，种蛋的受精率和孵化率明显降低。病程较短，一般几小时或数日死亡，急性型经过存活下来的病鸡转为慢性感染或康复。

③慢性型：慢性多为急性耐过转过来的，多见于流行后期，以慢性肺炎，慢性呼吸道炎，慢性肠胃炎较多见。病鸡逐渐消瘦，精神委顿，贫血。鸡冠肉髯、水肿变硬。少数病例呈现歪颈或鼻窦肿大等症状，喉头积有分泌物而导致呼吸困难，病程稍长的病鸡将会出现关节炎，关节炎常局限于腿或翼关节和腱鞘处，关节肿胀跛行，切开见有脓性干酪样物。对于蛋鸡病程可以拖置一个月以上，使得生产性能降低，产蛋鸡常发生坠卵性腹膜炎。

（2）病理变化。

①最急性型：多见于该病的流行前期，病程极短，可能看不到什么病变。

②急性型：为大多数病例的表现型，主要病理变化为急性出血性败血症和局灶性坏死性肝炎。心冠脂肪、心外膜有出血点或出血斑，心包液。肝脏肿胀、充血，实质变硬，呈深紫色或黄红色，有大量散在的针尖或小脏米大的黄色坏死点。肺淤血、水

肿。脾脏偶见肿胀和灰白色坏死点。腺胃、肌胃、腺胃和肌胃的交界处，有出血点和出血斑。十二指肠、盲肠、直肠黏膜肿胀弥漫性充血和出血并覆盖一层较厚的黄色纤维样的物质，浆膜下出血。

（3）慢性型。主要多见于流行后期，多有急性转变而来或由毒力较弱的菌株感染所致。其特征为局限性感染，病变也有差异。当呼吸道症状为主时，可见鼻腔、气管呈卡他性炎，肺脏硬变。有的表现肉髯水肿，而后为坏死。有的足与翅部关节肿大、变形，有炎性渗出或干酪样坏死。还有的病例，卵巢出血，卵黄囊破裂，腹腔病脏器表现上附着干酪样的卵黄物质。

4. 临床诊断

（1）流行病学诊断。突然发生或发病较急，病程短，死亡率高；病禽冠肉髯呈现紫红色，常有腹泻，排出白色水样粪便或绿色稀粪，并伴有恶臭味。剖解时可见心冠脂肪以及心外膜出血严重，肝表面有许多白色针尖大小的坏死点；十二指肠见出血炎症。

（2）病原学诊断。根据病史、临床症状和病理变化怀疑霍乱时，可用肝脏或心血做涂片，分别进行革兰氏或瑞氏染色、镜检。当发现有大量的两极染色的革兰氏阴性小杆菌时，可作出初步诊断；最后确诊必须进行病原分离培养，若细菌培养物涂片染色镜检见到两极深染的卵圆型球杆菌，接种培养后可以得到该菌，可以确诊为本病。

在需要的情况下可以做动物接种实验，取自然发病的病禽的组织内脏绞碎加无菌生理盐水，制取悬浮液，并接种小白鼠24小时死亡后，再对小白鼠进行分离培养，根据细菌鉴定逐步确定该病。

在有条件的或者有必要下，可以做血清学诊断以及分子生物学诊断，这样可以更快捷、准确的诊断该病。

（3）鉴别诊断。除去一些常规的实验室诊断，在日常生产管理中，根据临床变化以及剖解变化可以简单的做出诊疗，这样就应该和一些临床病理变化相似的疾病加以区分，以免造成误诊，给生产带来不必要的损失。

与新城疫的区别：新城疫只感染鸡、鹅和鸽，急性病例较长，有神经症状，腺胃乳头有出血、溃疡，腺胃肌胃交界处有条索状出血，盲肠扁桃体肿胀、出血、溃疡，肠道内有局灶性纤维素性坏死性肠炎，非化脓性脑炎，而肝脏无变化。

与鸭瘟的区别：鸭瘟只感染鸭、鹅，换禽流泪，头部肿大，颈部皮下胶样浸润，肝脏坏死灶不规则，其特征性变化是在口腔、咽、食管及泄殖腔黏膜上发生纤维素性、坏死性、溃疡性、出血性炎。

与鸡伤寒区别：鸡伤寒多发生于周龄以上的青年鸡及成年鸡脾脏肿大，胆囊肿大并充满绿色油状胆汁肝脏呈古铜色，表面有少量灰白色坏死点。本病在周龄以下很少发生，脾脏正常或稍肿大，肝脏肿大且表面布满针尖至小米粒大小不等的灰白色坏死点。

5. 防治

（1）加强饲养管理。保证家禽健康，是杜绝感染的首要条件。在整个养禽生产过程中，养禽业主应根据雏禽、幼禽、中年禽及成年禽各自的生理特点和生活习性，认真做好家禽的日常饲养管理工作。要饲喂新鲜优质的全价饲料，注意添加适量的多种维生素、微量元素和矿物质，为家禽提供全面均衡的营养，满足家禽各个生长发育阶段的营养需要，以提高家禽的抗病能力，每天饲喂要做到定点、定时、定量，并供给充足的清洁饮水。更换饲料要逐渐进行，不能突然改变，要保持适宜的饲养密度并注意禽舍的通风。在寒冷的冬天要注意防寒保暖，在炎热的夏天要注意防暑降温，在本病多发的夏末初秋这个时节里要做到早投药物预防和提前做好菌苗接种工作。蛋禽在产蛋高峰时应及时补充或给予足够的维生素和微量元素，可减少本病的发生。养禽业主应坚持自繁自养的原则，尽可能不从外地购买引进种禽，以防传入传染源；如果不能完全做到自繁自养，需要到外地购买种禽幼禽时应当到确实没有疫情的禽场购买。

（2）治疗。磺胺类药物对于该病的治疗有明显做用。①例如，用磺胺喹恶啉混饲浓度为 0.1%，连喂 2 ~ 3 天，间隔 3 天后，再用 0.05% 浓度混饲 2 天，停 3 天，再喂 2 天。②磺胺嘧啶或磺胺二甲基嘧啶混饲浓度为 0.3% ~ 0.4%，连用 3 天；混水浓度 0.1% ~ 0.2%，连用 3 天。③磺胺嘧啶 0.2 ~ 0.4 克用法：一次口服，按 1 千克体重 0.1 ~ 0.2 克用药，每日 2 次，连用 3 ~ 5 天。但是在使用磺胺药物时一定要注意混匀，防止发生药物中毒；④禽霍乱高免血清用法：一次皮下注射或肌肉注射。每天 1 次，连用 2 ~ 3 天。

二、鸡白痢

鸡白痢是有沙门氏菌引起雏鸡的一种以肠炎和白色下痢为主要特征的急性败血症，多侵害 20 日龄以内幼雏，日龄较大的雏鸡可表现白痢，发病率和死亡率相当高。鸡白痢是鸡沙门氏菌病中一种对雏鸡危害较高的传染病，在世界各地区均有发生，其流行情况主要限于鸡和火鸡，呈流行性爆发。

1. 病原学

鸡白痢沙门氏菌属于肠道杆菌科沙门氏菌属 D 血清群中的一个成员，为肠炎沙门氏菌肠炎亚种伤寒—白痢血清型。该菌为革兰氏阴性短杆菌，无荚膜，不形成芽孢，不能运动。该菌属为需氧或兼性厌氧菌。

该菌有 O 抗原，无 H 抗原其中 O 抗原组合为 1、9、121、122、123，有时能分离出抗原变异菌株。由于在感染 3 ~ 5 天后能产生相应的凝集抗体，因此，临床上常用凝集试验来检测隐性感染和带菌者。

2. 流行病学

由于雏鸡抵抗力差，所以主要危害3周龄内的雏鸡。该病的传染源是病鸡和带菌鸡，经传染源排出的粪便、精液以及与其接触过的水、饲料、器具等水平传播；还可经病鸡所产带菌卵或受污染卵来垂直传播，是导致雏鸡死亡率高的主要疾病。成年鸡也可感染鸡白痢，大多数都呈现隐性感染，无明显临床症状，但严重影响其受精率，产蛋率及孵化率。而且成年病鸡会成为重要的传染源，其肠道和卵巢内均含有大量致病菌，经带菌种蛋垂直传播给雏鸡，也可以经粪便排菌，约有1/3带菌鸡产出的受精卵被雏沙门氏菌所污染，其在该病的传播中发挥主要的作用。该病四季均可发生，发病率与饲养管理水平、种鸡白痢净化程度以及预防措施有着密切联系。雏鸡白痢发病率高，传播速度快，死亡率高，可达40%～70%，有的鸡群死亡率可达100%，对养禽业造成严重的经济损失。

3. 临床特点与表现

（1）雏鸡。病死鸡表现为瘦小脱水眼睛凹陷脚趾干枯，急性死亡的雏鸡无明显肉眼可见的病变，仅见内脏器官出血。病程长的可见急性败血症的变化，主要集中在肝脏、肺脏、消化道。

①肝脏：打开胸腹腔可以看到肝脏肿大，充血，质脆易碎，在肝脏表面出现散发的坏死点，其中坏死点的数量和大小不定，呈黄白色或大小不等的灰白色坏死结节，胆囊充盈，充满胆汁。

②脾脏：脾脏肿大，充血，被摸下可见小的坏死灶。

③肺脏：早期多呈弥漫性充血及出血，病程稍长的在肺部可以看到大小不等的灰白色脓液性坏死灶。

④心脏：主要呈现浆液性心包炎，心外膜炎以及心肌炎变化。表现为心包厚度增加且向外扩张膜为黄色不透明状心肌可存

在黄色坏死灶，其数量不等，心衰，色淡，心肌纤维变心。严重的心脏变形变圆几乎全部变为坏死组织。

⑤消化道：十二指肠黏膜有小米粒到黄豆粒大小不一的灰白色坏死灶；盲肠及盲肠扁桃体肿胀，肠黏膜潮红，肿胀，肠壁增厚，盲肠内发现干酪样坏死灶，即所谓的"盲肠芯"。

（2）成鸡。成年鸡主要病理变化在生殖系统。

①母鸡：主要发生卵巢炎，输卵管炎，表现为卵子在卵巢中已发育或正在发育的卵子其形状变为梨形，三角形，不规则形状等颜色变成灰色，黄灰色等不正常色泽，卵子还变性，有的其内容物变成稀薄水样状还有小的表现为壁厚内容物呈油脂状。部分卵子破裂，卵黄物质布满腹腔形成卵黄性腹膜炎。部分卵子落入腹腔形成包囊肠道表现为卡他性炎症。

②公鸡：多呈现睾丸，输精管渗出性炎症的病理变化。可见一侧或两侧的睾丸肿大，萎缩变硬，睾丸实质内有许多小脓肿或坏死灶。输精管肿胀增粗，管腔内还有大量渗出物。

4.临床诊断

（1）鉴别诊断。鸡球虫病、禽霍乱和鸡曲霉菌病与鸡白痢有着许多相似之处，而滑液囊支原体病、金黄色葡萄球菌病和多杀性巴氏杆菌病与鸡白痢的滑囊炎也十分类似。所以与这些疾病的鉴别就变得十分重要。

鸡球虫病主要危害3周龄到3月龄小鸡，有血性下痢，在小肠或盲肠病变部位刮取黏膜镜检可发现鸡球虫卵囊。

禽霍乱只在肝脏上有灰白色结节，其他脏器无坏死灶。

鸡曲霉菌病无下痢，肺部虽有结节性变化，但曲霉菌病的肺结节明显突出肺表面，柔软富有弹性，内容物呈干酪样，且肺、气囊、气管等处有真菌斑，而其他脏器无结节性坏死变化。

为了与滑液囊支原体病、金黄色葡萄球菌病、多杀性巴氏杆菌病所致的关节炎相区别，对于鸡白痢的滑膜炎、滑囊炎的诊断应以实验室病原菌分离鉴定和血清学试验为主。

鸡白痢病不能与鸡伤寒、鸡副伤寒区别开来，因为鸡白痢的临床症状和病理变化与伤寒、副伤寒十分类似，只在流行病学上稍有差异，诊断需进行病原菌的分离鉴定和血清学试验来辨别。从临床诊断角度看，区别鸡白痢和鸡伤寒沙门菌意义不大，但在疫苗株和免疫研究方面区别两者应当是必要的。

（2）其他检测方法。在临床上检测鸡白痢沙门氏菌上比较常用是全血平板凝集反应，此外，还有一些更加准确的检测方法，如卵黄抗体琼脂扩散试验、免疫电泳试验、ELISA等。研究表明，应用对流免疫电泳技术来诊断鸡白痢，其敏感性高于全血平板凝集反应。近年来，人们还采用等位基因特异性 PCR、PCR-RFLP 指纹图谱等方法对鸡白痢等疾病作出有效的诊断。

5. 防治

（1）防治措施。在防治的过程中，对于本病没有目前没有有效的疫苗。本病主要的防治在切断病原菌的传播途径，以及清除群内带菌鸡或者是病鸡，从而清除传染源以免传染其他健康鸡。提高整体鸡群的体抗力，将一些体弱消瘦，体抗力低的鸡进行淘汰。

①制定检测计划，定期采用血清凝集试验检测，淘汰感染鸡和疑似鸡，在选用种蛋孵化时，要对种蛋鸡场来源鸡场的种鸡中鸡白痢沙门氏菌血清学检测，坚持自繁自养，确保鸡场无白痢，如一定要引进，则要选择从净化程度较高的鸡场购进，而且需要隔离观察一段时间（隔离区不要选在鸡场附近），同时，做好检测。

②加强育雏饲养管理卫生，避免各种应激因素的刺激，搞好环境卫生及饲养管理，定期针对各种器具消毒，提高鸡群自身抵抗力，育雏室要保持清洁干燥，饲料槽和饮水器要每天清洗一次，防止被鸡粪污染。育雏室空间安排要合理，应该避免过于拥

挤。同时，在饲养方面要保证维生素 A 的补充，不用废雏蛋进行喂养。

③雏鸡出壳后第 1~2 天用 0.01% 高锰酸钾溶液做饮水 1~2天。在鸡白痢易感日龄期间，用 0.02% 呋喃唑酮做饮水，或在雏鸡粉料中按 0.02% 比例拌入呋喃唑酮或按 0.5% 加入磺胺嘧啶，有利于控制鸡白痢的发生。

（2）治疗。治疗时，使用磺胺类药物为佳。磺胺类药物以磺胺嘧啶，磺胺甲基嘧啶和磺胺二甲基嘧啶为首选药，在饲料添加不超过 0.5%，饮水中可用 0.1%~0.2%，连用 5 天后，停药 3天，再继续使用 2~3 次。

经过几年研究发现一些中草药对于鸡白痢的治疗有显著效果，其有别于传统的抗生素。中草药可以控制细菌耐药性的产生，而且在动物性产品中药物残留较低，可以适量添加于饲料中或直接喂服。有人研究发现中药"地榆散"在体外有良好抗菌效果，临床应用不仅对鸡白痢病有明显治疗效果，还对鸡白痢沙门氏菌病有可靠的抗阳效果，且对鸡体无毒副作用。针对于鸡白痢的治疗意义不大，主要因为经治疗转归后的鸡将长期带菌，成为传染源向外界排菌或产带菌蛋，从而使得本病周而复始得不到有效控制。

三、鸡伤寒

禽伤寒是由鸡伤寒沙门氏菌引起禽的一种急性或慢性败血性传染病。以发热、贫血、有的病鸡下痢以及脾肿大为特征，1888年，在美国首次发现禽伤寒，1889 年由 Klein 分离出病原，1902年 Curtice 把该病定名为"禽伤寒"。本病也呈世界性分布。OIE将其列为 B 类动物疫病。

1. 病原
本病病原菌为肠杆科沙门氏菌属中的鸡伤寒沙门氏菌，又称鸡沙门氏菌。本菌为革兰氏阴性、兼性厌氧、无芽孢菌，菌体两端钝圆、中等大小、无荚膜、无鞭毛、不能运动。本菌对干燥、腐败、日光等环境因素有较强的抵抗力，在水中能存活 2～3 周，在粪便中能存活 1～2 个月，在冰冻的土壤中可存活过冬，在潮湿温暖处虽只能存活 4～6 周，但在干燥处则可保持 8～20 周的活力。该菌对热的抵抗力不强，60℃ 15 分钟即可被杀灭。对各种化学消毒剂的抵抗力也不强，常规消毒药及其常用浓度均能达到消毒的目的。

2. 流行病学

本病主要感染鸡，1～5 月龄青年鸡以及成年鸡感染率最大，该病雏鸡发病与鸡白痢很难区分。本病多发生于春、冬两季。特别是在饲养管理条件不好的情况下最易发生。病鸡和带菌鸡是主要传染源。病鸡的排泄物含有病菌，污染饲料、饮水、栏舍等可散播此病。主要经消化道感染和通过感染种蛋垂直传播，也可通过眼结膜感染，带菌的鼠类、野鸡、蝇类和其他动物也是传播病菌的媒介。水平感染的发病率要高于鸡白痢，但经卵垂直传播的发病率低于鸡白痢。

3. 临床特点与表现

潜伏期 4～5 天。发病率高，死亡率低，有的大部分病禽冠、髯苍白，食欲废绝，渴欲增加，体温升至 43℃ 以上，呼吸加快，腹泻，排淡黄绿色稀粪。发生腹膜炎时，呈直立姿势。此病病鸡大都可恢复为带菌鸡。

（1）急性病例。

①雏鸡：带菌种蛋在孵化过程中鸡胚即死亡，出壳后发病的雏鸡和雏火鸡症状与鸡白痢极为相似，表现为病雏虚弱嗜睡，无食欲，雏禽肺部受侵害时，呈现喘气和呼吸困难，泄殖腔周围有白色排泄物，死亡率 10%～50%。

②成鸡：中鸡和成鸡在最急性发病时常无明显病变，病程稍

长的可见肝、脾、肾充血肿大，肝初期因出血而呈暗红褐色，后期变为淡灰绿色或古铜色，质地柔软，触摸有油腻感，表面及切面散布有粟粒大灰白色或浅黄色坏死灶，胆囊充盈，充有黄绿色油状胆汁，病禽精神委顿，羽毛松乱，食欲减退或废绝，鸡冠，肉髯及脸贫血苍白，发热，口渴，腺胃和肌胃有时也可见到灰色坏死灶。肠道表面出血，十二指肠出血尤为严重。各处淋巴滤泡初期肿胀、坏死，以后各肠断逐渐形成溃疡。

（2）亚急性、慢性病例。以肝大呈绿褐色或青铜色为特征。此外，肝脏和心肌有粟粒状坏死灶。

①雏鸡：雏鸡感染后，肺、心和肌胃可见灰白色病灶。雏鸭心包出血，脾轻微肿大，肺和肠有卡他性炎，但不见灰白色坏死灶。

②成鸡：母鸡可见卵巢、卵泡充血、出血、变形及变色，导致输卵管内常有大量卵白和卵黄物质，并常因卵子破裂引起腹膜炎。公鸡睾丸有灶性病变。

4. 临床诊断

（1）鉴别诊断。本病主要与鸡白痢、禽霍乱、鸡新城疫、葡萄球菌病和大肠杆菌病进行区辨：禽伤寒主要是感染中鸡和成鸡，而鸡白痢主要感染 3 周龄以内的雏鸡，4 周龄后很少发病死亡，成鸡多为慢性和隐性，在临床上很难区分，只有进行病原菌的分离鉴定才能准确地区分出来。

对于和鸡新城疫的区分，鸡新城疫出现神经症状，鸡冠肉髯发绀，脾脏肿大不明显，全身出血明显，尤以腺胃及肠道出血最为突出。而禽伤寒无神经症状。

禽霍乱没有溶血性贫血症状，病料涂片镜检可见俩极着染色的巴氏杆菌。

（2）实验室诊断。细菌分离与鸡白痢相同。首选器官是肝、脾、雏鸡卵黄，初次分离用普通肉汤或胰蛋白际琼脂，病料不新鲜用增菌肉汤或选择性培养基。血清学检查与鸡白痢相同。HA试验测出感染鸡组织中积聚的细菌多糖；而抗球蛋白HA试验在感染早期测出血清抗体。

鸡白痢、鸡伤寒多价染色平板产凝集试验，适用于产蛋母鸡及3月龄以上的鸡。方法是用滴管吸取抗原，垂直滴于玻板上1滴，然后用针头刺破鸡的肱静脉或冠尖，取血0.05毫升，与抗原均匀混合，并涂散成直径约2厘米的液，在2分钟内判定结果。发生50%以上凝集，为阳性；不发生凝集为阴性；介于上述两者之间，为可疑。同时，应设强阳性、弱阳性、阴性血清对照，分别是滴加抗原混匀，在2分钟内，强阳性血清应出现100%凝集；弱阳性血清应出现50%凝集；阴性血清应不凝集。本试验应在20℃以上环境中进行。

5. 防治

（1）防治措施。发现病禽及时隔离饲养，尽快淘汰，对禽舍、用具等彻底消毒。鸡群要定期进行血清学监测，发现带菌者及时淘汰。由于人、动物、苍蝇等能机械地传播本病，所以，要及时彻底地消毒，消灭昆虫和老鼠。本病与鸡白痢有相似之处，也是由种蛋传递的疾病，因此，预防原则是杜绝病原传入，净化鸡场加强饲养管理，加强种蛋和孵化、育雏用具的清洁消毒。

（2）治疗。本病治疗药物与鸡白痢基本相同，磺胺类都有一定的疗效，投料方法以及用料可以参照鸡白痢。氟苯尼考为动物专用新药，具有抗菌谱广，吸收好，体内分布广，快速长效，无毒副作用，半衰期长，有效血药浓度维持20小时以上，安全高效。用法与用量请参考鸡白痢用药。其他用药可参照鸡白痢。依赖药品控制不是上选之策，应采取严格的净化措施。鸡沙门菌弱毒苗和微生态制剂联合应用于肉鸡，具有协同效应，保护率达90%，优于疫苗单独使用的免疫效果（75%）。基因重组减毒疫苗，具有高效、便利、经济等优点，已应用于生产。

四、鸡副伤寒

副伤寒指能运动的各种沙门氏菌引起的禽类的传染病总称。雏鸡本病最常见的为急性败血症。其症状为突然死亡、下痢、泄殖腔周围为粪污黏附；发生浆液脓性结膜炎，眼半闭或全闭，间有呼吸困难或麻痹、抽搐等神经症状。

在 1895 年 Moore 首次报道了鸽副伤寒，1899 年 Mazza 首次报道了鸡副伤寒，目前此病在世界范围内广泛分布，常呈地方性流行，是危害养禽业的主要疾病之一。禽副伤寒沙门氏菌能广泛感染人和其他动物，是人类食源性疾病之一。因此，不管是从公共卫生还是经济方面讲，都必须控制该病的传播。

1. 病原

导致该病的沙门氏菌种类多达 60 多种，150 多个血清型，常见的有鼠伤寒沙门菌、鸭沙门菌等十几种。本病菌为革兰氏阴性短杆菌，无芽孢和荚膜，有鞭毛能运动。其形态、培养特性，对外界环境抵抗力等同禽白痢沙门菌。不同的特性是副伤寒沙门氏菌有鞭毛，能运动，既含有细菌的完全抗原结构，包括菌体抗原、鞭毛抗原、表面抗原。在自然条件下，也可遇到无鞭毛和有鞭毛而不能运动的变种，本菌对热敏感，为人类食源性疾病。

2. 流行病学

可感染多种幼龄禽类，主要是雏鸡，死亡率达 20%，青年鸡和成年鸡为慢性经过或隐性感染。本病的主要传染源是带菌鸡和病鸡，切断传染源是预防该病的必要手段也是有效方法。而通常传播该病是通过被污染的蛋、料、水、用具、孵化器、育雏器鼠类和昆虫，为了有效控制该病的传播，必须对禽舍进行全方位消毒处理并且要防鼠灭虫。传染途径主要经垂直传播，也可经呼吸道和消化道水平传播。蛋内带菌或孵化器内感染的雏鸡，在出壳后不久就死亡。2 周龄内雏鸡多见发病，其表现为厌食，饮水增加，垂头闭眼，两眼下垂，怕冷挤堆，离群，嗜睡呆立，抽搐；有的眼盲和结膜炎，排淡黄绿色水样稀粪，肛门周围有稀粪玷污。有的关节肿胀，呼吸困难，常于 1～2 天死亡。

3. 临床特点和表现

本病的潜伏期很短，一般在 12～18 小时，雏禽多呈急性败血性症状，与鸡白痢和禽伤寒相似，中年鸡和成年鸡呈急性、慢性经过。

最急性死亡的雏鸡，通常没有典型病变，仅见肝脏肿大，对于雏禽病程稍长者，可见败血症，可见消瘦，脱水，脐炎，卵黄凝固；遥、脾充血，出血性条纹或点状坏死灶。肾充血，心包炎并粘连。成年禽消瘦，有出血性或坏死性肠炎，脾、肾充血肿大，肝脏实质内有许多散在的灰白色色粟粒大的坏死灶，胆囊扩张，充满胆汁。肠道主要是卡他性出血性炎的变化，有的可见坏死性炎的变化，表现为肠道黏膜潮红，可见点状出血，盲肠膨大，其壁增厚，内含许多干酪样物质，肠黏膜有时可见溃疡，直肠出血严重。卵子偶有变形，卵巢有化脓性和坏死性病变，常发展为腹膜炎。关节炎也多见。

剖检见肝大，边缘钝圆，包膜上常有纤维素性薄膜被着，肝实质常有细小灰黄色坏死灶；小肠黏膜水肿、局部充血、常伴有点状出血；大肠也有类似病变，但其黏膜上有时有污灰色糠麸样薄膜被覆。

4. 临床诊断

（1）病原学检测。按常规标准进行。病雏或死雏的新鲜器官可接种营养性琼脂平板或斜面，所有粪样和处于分解状态的样品在选择性肉汤中增菌 24～48 小时，以后再接种选择性琼脂。选择在琼脂平板上出现的典型菌落接种三糖铁和赖氨酸铁琼脂斜面，对呈典型反应者进行生化反应。

（2）生化反应。发酵葡萄糖、麦芽糖、山梨醇并产气；不发酵蔗糖、乳糖；不产生吲哚；甲基红阳性；尿素不水解；氰化钾阴性；硝酸盐被还原。

（3）快速检测。检测食品、饲料和临诊样品沙门菌的新方法，用单克隆抗体 Mabs 和核酸探针为基础的检测沙门菌的诊断试剂盒。

（4）血清学检测。经分离成纯培养并经生化鉴定的所有沙门菌均应进行血清鉴定。因副伤寒沙门菌的血清型很多，目前检测是针对鼠伤寒沙门菌的。血清学方法有微量凝集试验、快速全血平板试验、常量试管凝集试验等。血清学方法其缺点是：肠道带菌者可能没有血清学应答，阳性反应者的滴度波动很大，只能检测少数抗原型。

5. 防治

（1）防治措施。灭活苗或活疫苗已研究试用。酸制剂或甲醛对本菌消毒效果好。严格的强制性"生物安全"措施应认真贯彻落实。

防治措施要控制种蛋、孵化室和育雏室的感染，创建育种中心，进行血清学监测和控制动物感染等综合性防治措施。

①种禽场的种禽与产蛋：应无副伤寒病种禽。有足够的洁净产蛋箱，网上饲养，蛋产出很快滚离产蛋箱，种蛋收集频率要高，收后熏蒸，置凉处短期保存。氮和季铵盐类化合物是种蛋的有效消毒剂。

②育雏场环境：雏鸡与感染源严格隔离，是防止本病的重要措施。用不含沙门菌的垫料。放好饲料槽和饮水器的位置，不使粪便污染，要经常清洗和消毒。

③饲料不被沙门菌污染，不用动物副产品。

（2）治疗。鸡随日龄增长，从环境中获得了肠道保护性菌群，这些菌群对沙门菌有明显抑制作用，是各种选择性竞争排斥

（CE）治疗发展的基础。竞争排斥治疗给禽使用精制或非精制的细菌培养物，以减少沙门菌在肠道吸附。研制和使用微生物区系确定有效竞争性排斥剂将有利于控制本病。

在用药时参照鸡白痢用药。治疗时，使用磺胺类药物为佳。磺胺类药物以磺胺嘧啶，磺胺甲基嘧啶和磺胺二甲基嘧啶为首选药，在饲料添加不超过0.5%，饮水中可用0.1%～0.2%，连用5天后，停药3天，再继续使用2到3次。

五、鸡大肠杆菌病

肉鸡大肠杆菌病是由埃希氏大肠杆菌引起的一种常见病，其特征是引起心包炎、肝周炎、气囊炎、腹膜炎、输卵管炎、滑膜炎、大肠杆菌性肉芽肿和脐炎等病变。大肠杆菌病既是肉仔鸡原发性疾病，又可成为新城疫、禽流感、慢性呼吸道疾病的继发病，从而造成高的发病率和死亡率，是养鸡业特别是肉鸡饲养的一种重要的传染病。

1. 病原

大肠杆菌属于肠杆菌科埃原氏菌属。镜下本菌为革兰氏阴性无芽孢的直杆菌，两端钝圆、散在或成对。大多数菌株一周生鞭毛运动，但也有无鞭毛或丢失鞭毛的无动力变异株。大肠杆菌为兼性厌氧菌，能够发酵多种碳水化合物产酸产气。

大肠杆菌是健康畜禽肠道中的常在菌，可分为致病性和非致病性两大类。大肠杆菌病是一种条件性疾病，在卫生条件差、饲养管理不良的情况下，很容易造成此病的发生。大肠杆菌对环境的抵抗力很强，附着在粪便、土壤、鸡舍的尘埃或孵化器的绒毛等的大肠杆菌能长期存活。

2. 流行病学

病鸡、带菌鸡是本病的主要传染源，大肠杆菌普遍存在于外界环境和动物体内，鸡可经粪便、饲料饮水、尘埃、设备、野外生物及昆虫等接触感染，该菌在饮水中出现被认为是粪便污染的指标。禽大肠杆菌在鸡场普遍存在，特别是通风不良，大量积粪存于鸡舍，在垫料、空气尘埃、污染用具和道路，粪场及孵化厅等处环境中染菌最高。各种年龄的鸡（包括肉用仔鸡）都可感染大肠杆菌病，发病率和死亡率受各种因素影响有所不同。不良的饲养管理、应激或并发其他病原感染都可成为大肠杆菌病的诱因。

3. 临床特点与表现

（1）临床症状。大肠杆菌败血症 6 ~ 10 周龄的肉鸡多发，尤其在冬季发病率高，死淘率通常在 5% ~ 20%，严重的可达50%。雏鸡在夏季也较多发，病鸡精神沉郁，采食减少以及停止采食，呼吸困难，有啰音和喷嚏等症状。眼球炎是大肠杆菌败血病不常见的表现形式多为一侧性，少数为双侧性，病初羞明、流泪、红眼，随后眼睑肿胀突起开眼时，可见前房有黏液性脓性或干酪样分泌物。最后角膜穿孔失明；脑炎患鸡表现昏睡斜颈，歪头转圈，共济失调，抽搐，伸脖，张口呼吸，采食减少，腹泻，生长迟缓；病鸡跛行或呈伏卧姿势，一个或多个腱鞘、关节发生肿大。

（2）病理变化。大肠杆菌性急性败血症常引起幼雏或成鸡急性死亡特征性病变是全身皮下、浆膜和黏膜有大小不等的出血点，剖检可见头部、眼部、下颌及颈部皮下有黄色胶样渗出。气囊壁增厚、混浊，有的有纤维样渗出物。心包积液增多，心包囊混浊，心外膜水肿，并有淡黄色渗出物覆盖，与空气接触时凝固。严重者心包囊内充满淡黄白色纤维素性渗出物，心包粘连，心外膜水肿。肝脏边缘纯圆呈绿色、肝包膜呈白色混浊，有纤维素性附着物，有时可见白色坏死斑。脾充血肿胀。十二指肠及盲肠肠系膜有针头大至核桃大小的菜花状增生物，很容易与禽结核或肿瘤相混。肠黏膜充血、增厚、严重者血管破裂出血，形成出血性肠炎。

4. 临床诊断

（1）诊断。根据根据病死尸泛发性出血，浆膜性纤维素性、胸腹膜炎性、气囊炎、肝周炎性等流行病学、临床症状与病理变化可以做出初步诊断。

（2）病原学检测。病料采集，败血型采集血液、肝、脾等处病料，呼吸道感染从气囊、心包液、肝脏等处取材。将病料在麦康凯培养基上出现亮红色菌落，并向培养基内凹陷生长，即可做出初步确诊。

（3）鉴别诊断。与霍乱的区别：两者都有败血症的变化，但禽霍乱全身泛发性出血较大肠杆菌病要严重；禽霍乱有时也出现纤维素性心包炎、气囊炎，但与大肠杆菌病相比较要轻；另外大肠菌病一般无卡他性、出血性十二指肠炎和局灶性坏死性肝炎的变化。

大肠杆菌败血症与支原体败血症、传染性喉气管炎、传染性支气管炎混合感染或继发感染上述疾病，病情复杂，需进行病原鉴定做出确诊。

大肠杆菌肉芽肿与结核性肉芽肿区别：前者多在肝、盲肠、肠系膜中发生，后者除了在肝、盲肠、肠系膜中发生外，还可在脾、肺、骨、关节处多为发生。两者结节组织结构不同，后者结节较小；前者结节呈放射状，中心有大量组织坏死，呈轮层状，在外围为普通肉芽组织，后者结节中心为干酪样坏死。

5. 防治

（1）预防。

①选好场址和隔离饲养：场址应建立在地势高燥、水源充足、水质良好、排水方便、远离居民区（最少500米），特别要远离其他禽场，屠宰或畜产加工厂。生产区与生产区及经营管理区分开，饲料加工、种鸡、育雏、育成鸡场及孵化厅分开（相

隔500米）。

②科学饲养管理：禽舍温度、湿度、密度、光照、饲料和管理均应按规定要求进行。

③搞好禽舍空气净化：降低鸡舍内氨气等有害气体的产生和积聚是养鸡场必须采取的一项非常重要的措施。

常用方法如下：

a. 饲料内添加复合酶制剂。如使用含有β-葡聚糖的复合酶，每吨饲料可按1千克添加，可长期使用。

b. 饲料内添加有机酸。如延胡索酸、柠檬酸、乳酸、乙酸及丙醇等。

c. 使用微生态制剂。

d. 药物喷雾。第一，过氧乙酸：常规方法是用0.3%过氧乙酸，按30毫升/立方米喷雾，每周1～2次，对发病鸡舍每天1～2次。第二，多聚甲醛：在25平方米垫料中加入4.5千克多聚甲醛，它可和空气中氨中和，氨浓度很快下降到5×10^{-6}，但21天后又回升到100×10^{-6}，因此，应重新使用。

e. 机械清除垃圾粪便。及时清粪，并堆积密封发酵，及时通风换气。

f. 重视环境治理。饲养场地绿化，种草植树。

④加强消毒卫生工作：

a. 加强种蛋消毒。加强孵化厅、孵化用具的消毒卫生管理。种蛋孵化前进行熏蒸或消毒，淘汰破损明显或有粪迹污染的种蛋。孵化厅及禽舍内外环境要搞好清洁卫生，并按消毒程序进行消毒，以减少种蛋、孵化和雏鸡感染大肠杆菌及其传播。

b. 防止水源和饲料污染。可使用颗粒饲料，饮水中应加消毒剂；采用乳头饮水器饮水，水槽料槽每天应清洗消毒。

c. 及时灭鼠、驱虫。

d. 禽舍带鸡消毒。有降尘、杀菌、降温及中和有害气体作用。

e. 加强种鸡管理。及时淘汰处理病鸡。进行定期预防性投药和做好病毒病、细菌病免疫。采精、输精严格消毒，每只鸡使用一个消毒的输精管。

⑤疫苗免疫。

最好采用自家（或优势菌株）多价灭活佐剂苗。一般免疫程序为 7～15 日龄，25～35 日龄，120～140 日龄各一次。

⑥使用免疫促进剂。

如维生素 E 300×10^{-6}，左旋咪唑 200×10^{-6}，维生素 C 按 0.2%～0.5%拌饲或饮水；维生素 A1.6 万～2 万单位/千克饲料拌饲；电解多维按 0.1%～0.2%饮水连用 3～5 天。

（2）治疗。应选择敏感药物在发病日龄前 1～2 天进行预防性投药，或发病后作紧急治疗。

①青霉素类：氨苄青霉素按 0.2 克/升饮水或按 5～10 毫克/千克拌料内服。阿莫西林按 0.2 克/升饮水。

②头孢菌素类：头孢菌素类常用的有 20 种，按其发明年代的先后和抗菌性能不同而分为 1～4 代。第三代有头孢噻肟钠（头孢氨噻肟），头孢曲松钠（头孢三嗪），头孢呱酮钠（头孢氧哌唑或先锋必），头孢他啶（头孢羧甲噻肟、复达欣），头孢唑肟（头孢去甲噻肟），头孢克肟（世伏素，FK207），头孢甲肟（倍司特克），头孢木诺钠、拉氧头孢钠（羟羧氧酰胺菌素、拉他头孢）。先锋必 1 克/10 升水，饮水，连用 3 天，首次为 1 克/7 升水。

③氨基糖苷类：庆大霉素 2 万～4 万单位/升饮水。卡那霉素 2 万单位/升饮水或 1 万～2 万单位/千克肌注，每日一次，连用 3 天。硫酸新霉素 0.05%饮水或 0.02%拌饲。链霉素 30～120 毫克/千克饮水，13～55 克/吨拌饲，连用 3～5 天。

④酰胺醇类：甲砜霉素按 0.01%～0.02%拌饲，连用 3～5

天。氟苯尼考按禽每 1 升水 0.25 克，1 次/日，连用 3 ~ 5 天。
拌料，禽每 1 千克料 0.5 克，1 次/日，连用 3 ~ 5 天。

⑤大环内脂类：红霉素 50 ~ 100 克/吨拌饲，连用 3 ~ 5 天。
泰乐菌素 0.2% ~ 0.5% 拌饲，连用 3 ~ 5 天。

⑥磺胺类，磺胺嘧啶（SD）：0.2% 拌饲，0.1% ~ 0.2% 饮
水，连用 3 天。磺胺喹口恶林（SQ）：0.05% ~ 0.1% 拌饲，
0.025% ~ 0.05% 饮水，连 2 ~ 3 天，停 2 天，再用 3 天。

⑦喹诺酮类：环丙沙星、蒽诺沙星、洛美沙星、氧氟沙星
等，预防量为 25×10^{-6}，治疗量 50×10^{-6}，连用 3 ~ 5 天。

⑧抗感染中草药：黄连、黄芩、黄柏、秦皮、双花、白头
翁、大青叶、板兰根、穿心莲、大蒜、鱼腥草等。

六、鸡传染性鼻炎

鸡传染性鼻炎是由副鸡嗜血杆菌引起的鸡的一种急性呼吸道
传染病，其特征是鼻腔、鼻窦黏膜、眼结膜发炎，常表现为打喷
嚏、流鼻液、颜面肿胀等。本病主要引起育成鸡的生长受阻，增
重减慢，鸡群的死亡数和淘汰数增加，给养鸡业造成了很大的经
济损失。鸡传染性鼻炎呈世界性分布，以处于温带的国家和地区
最常见。中国目前已有十多个省市报道过本病的发生。

1. 病原

本病的病原是副鸡嗜血杆菌，为革兰氏阴性的多形性小杆
菌，不形成芽孢，无荚膜、鞭毛、不能运动。该菌对营养的需求
较高，常用的培养基为血液琼脂或巧克力琼脂。因本菌生长中需
要 V 因子，所以，因发育时产生 V 因子的金黄色葡萄球菌交叉
接种在血液琼脂平板上时，本菌可在葡萄球菌周围旺盛地生长发
育，呈现卫星现象。这可作为一种简单的初步鉴定。副鸡嗜血杆
菌易自鼻窦渗出物中分离。但该菌的抵抗力很弱，培养基上的细
菌在 4℃ 条件下能存活 2 周。在自然环境中很快死亡，对热与消

毒药也很敏感。该菌抗原的型有 A、B、C 3 个血清型，各血清型之间无交叉反应。

2. 流行病学

本病可感染各种年龄的鸡，随着鸡只日龄的增加易感性增强。自然条件下以育成鸡和成年鸡多发。除鸡发病外，还有火鸡发生此病的报道。该病一年四季均可发生，以秋冬及初春时节多发，病鸡和隐性带菌鸡是该病的主要传染源。其病程 3～4 周，发病高峰时很少死鸡，但在流行后期鸡群开始好转。该病常常继发其他细菌性疾病，使病程延长，死亡增多。鸡场一旦发生本病，往往污染全场，致使其他鸡舍适龄鸡只相继发病，几乎无一幸免。传播方式以飞沫、尘埃经呼吸道传播为主，其次可通过污染的饮水、饲料经消化道传播。

鸡传染性鼻炎的发生及疾病的严重程度与环境应激、混合感染等因素有很大关系。凡是能使机体抵抗力下降的因素均可成为发病诱因，如鸡群密度过大，通风不良，气候突变、营养缺乏等。

3. 临床特点与表现

（1）临床特点。该病的主要特征是潜伏期短，传播速度快，短时间内便可波及全群，发病率高。鸡感染后，精神委顿，垂头缩颈，食欲明显降低。病初可见自鼻孔流出水样汁液，继而转为黏性或脓性分泌物，出现流泪，打喷嚏，眼结膜发炎，眼睑肿胀、水肿，可引起暂时性失明由于无法正常采食和饮水病鸡逐渐消瘦并有下痢现象最终衰竭而死。由于粉状饲料黏附在鼻道上形成结痂影响呼吸出现甩头等症状。部分病鸡可见下颌部或肉髯水肿，育成鸡表现为生长不良，肉种鸡几乎绝产。严重者炎症可蔓延至气管支气管和肺部。流行后期鸡群中常有死鸡出现，多数为瘦弱鸡只，或其他细菌性疾病继发感染所致，没有明显的死亡高峰。也可能会出现神经症状，一旦受刺激后就不停摇头，最终因机体衰竭而死亡。

（2）病理变化。本病最具特征的变化是鼻腔、鼻窦和眼结膜的浆液性、黏液性、卡他性炎。剖检可见鼻腔窦黏膜呈急性卡他性炎症，黏膜充血水肿，表面覆盖有大量黏液，腔内积聚多量脓性或干酪样物质而堵塞鼻腔，使病鸡出现轻度呼吸困难和不断甩头。结膜囊中充满了黏液性、脓性或干酪样物质，造成上下眼睑粘连一起，进一步蔓延到角膜，导致溃疡性病变，卡他性结膜炎，肉髯皮下水肿。严重时可见喉头和气管黏膜潮红，上附有黏稠性黏液产蛋鸡输卵管内有黄色干酪样分泌物。面部及肉髯的皮下组织水肿，肺脏充血、肿胀，切面流出多量泡沫样的液体。其他内脏器官没有明显变化，病程后期若出现继发感染时，可见相应疾病的病理变化。

4. 临床诊断

（1）临床诊断。诊断本病主要是根据流行病学特点、临诊症状及病理剖检变化进行综合诊断。

根据鼻腔、鼻窦以及眼结膜的急性卡他性炎，颜面以及肉髯水肿，鼻窦及框下窦肿大，鸡群中有恶臭味。发病急。传染快、病程短、死亡率低等临床特征与病理变化可以做出初步诊断。

（2）病原学诊断。病原分离鉴定对于进一步确定该病有很大的帮助，无菌操作方法用棉拭采取眼、鼻腔或眶下窦分泌物，在血液琼脂平板上与金黄色葡萄球菌交叉接种，在 $5\% \sim 10\%$ 的 CO_2 环境中培养，可见葡萄球菌菌落周围有明显的卫星现象，其他部位不见或很少有细菌生长。获得纯培养后可进一步进行鉴定或作健康鸡的感染试验，24 小时之后，受感染健康鸡出现典型症状，即可确定该病。

（3）鉴别诊断。

①禽流感：鸡冠有坏死灶、颜面下颌皮下水肿，呈胶冻样，趾及跖部鳞片出血。全身浆膜及黏膜严重出血、内脏器官严重出

血。颈、喉部明显肿胀、出血，鼻孔常出现血色分泌物。有时出血、气喘、咳嗽、呼吸困难及下痢。

②传染性支气管炎：呼吸困难、出现啰音，喉头、气管、支气管出现较多黏液。肾脏出现尿酸盐沉积，呈花斑样。腺胃肿胀增厚、其黏膜出血发生溃疡。但上呼吸道以及眶下窦无明显变化。

③传染性喉气管炎：喉头以及气管出血、肿胀、带有黏液，咳嗽带有血丝。喉黏膜部有纤维素性渗出物。鼻腔、鼻窦、鼻下眶窦无明显变化。

④维生素 A 缺乏症：眼睑肿胀、角膜软化或穿孔，眼球凹陷、失明。结膜囊蓄积干酪样物质，口腔、咽、食管道黏膜有白色小结节。眶下窦、鼻窦无明显变化。

5. 防治

（1）防控。鉴于本病发生常由于外界不良因素而诱发，因此，平时养鸡场在饲养管理方面应注意以下几个方面。

①鸡舍内氨气含量过大是发生本病的重要因素。特别是高代次的种鸡群，鸡群数量少，密度小，寒冷季节舍内温度低，为了保温门窗关得太严，造成通风不良。为此应安装供暖设备和自动控制通风装置，可明显降低鸡舍内氨气的浓度。

②寒冷季节气候干燥，舍内空气污浊，尘土飞扬。应通过带鸡消毒降落空气中的粉尘，净化空气，对防制本病起到了积极作用。

③饲料、饮水是造成本病传播的重要途径。加强饮水用具的清洗消毒和饮用水的消毒是防病的经常性措施。

④人员流动是病原重要的机械携带者和传播者，鸡场工作人员应严格执行更衣、洗澡、换鞋等防疫制度。因工作需要而必须多个人员入舍时，当工作结束后立即进行带鸡消毒。

⑤鸡舍尤其是病鸡舍是个大污染场所，因此，必须十分注意

鸡舍的清洗和消毒。对周转后的空闲鸡舍应严格按照以下规定执行：a. 彻底清除鸡舍内粪便和其他污物；b. 清扫后的鸡舍用高压自来水彻底冲洗；c. 冲洗后晾干的鸡舍用火焰消毒器喷烧鸡舍地面、底网、隔网、墙壁及残留杂物；d. 火焰消毒后再用2%火碱溶液或0.3%过氧乙酸，或2%次氯酸钠喷洒消毒；e. 完成上述4项工作后，用福尔马林按每立方米42毫升，对鸡舍进行熏蒸消毒，鸡舍密闭24~48小时，然后闲置2周。进鸡前采用同样方法再熏蒸一次。经检验合格后才可进入新鸡群。

鸡舍外环境的消毒以及清除杂草、污物的工作也不容忽视。因此，综合防制是防止本病发生不可缺少的重要措施。

（2）治疗。磺胺类药物和多种抗生素均有良好的治疗效果。可用0.2%~0.4%红霉素饮水或饲料中添加0.1%~0.2%氯霉素和土霉素连用3~5天；有的用每只鸡0.2毫克链霉素肌肉注射，每日2次连用3天。在注射给药同时，有的在饲料中添加北里霉素进行辅助治疗。

青霉素、链霉素联合肌肉注射，每日2次连用3天可缩短病程，降低本病造成的损失。应该指出，在治疗本病过程中还应兼顾预防其他细菌性疾病的继发感染。同时，可用0.3%过氧乙酸进行带鸡消毒，对促进治疗有一定效果。

七、鸡结核病

禽结核病是由禽结核分枝杆菌引起的一种慢性接触性传染病。本病的特征是引起鸡组织器官形成肉芽肿和干酪样钙化结节，渐进性消瘦、贫血，严重者发生恶性病变或肝脾破裂至内出血死亡。鸡结核病分布于世界各地，是鸡的常见病之一。

1. 病原

本病的病原是禽结核分枝杆菌，属于分枝杆菌属，普遍呈杆状，两端钝圆，也可见到棍棒样的、弯曲的和钩形的菌体，为需氧菌，对营养的要求比较严格，必须在含有血清、牛乳、卵黄、马铃薯、甘油及某些无机盐类的特殊培养基中才能生长。结核菌生长较慢，在初次分离时，经 10～21 天，可见圆形、隆起、表面光滑，有光泽，从浅黄到黄色，随时间延长而变为鲜黄色的菌落。

2. 流行病学

传染源主要是患病鸡以及带菌鸡，患病鸡肠道的溃疡旱灶中，肝脏病灶中、胆汁中都含有结核分枝杆菌。通过粪便排出，呼吸道分泌物等排出的病菌都可以污染饲料、饮水、禽舍、土壤、垫草和环境等。这些被健康的鸡采食后，即可发生感染。结核病的传染途径主要是经呼吸道由于病禽咳嗽、喷嚏，将分泌物中的分枝杆菌散布于空气，或造成气溶胶，使分枝杆菌在空中飞散而造成空气感染或叫飞沫传染。在患病鸡与健康鸡同群混养，将使疾病传播扩散更快。

肉鸡结核病的病程发展缓慢，早期无明显的临床症状，故老龄鸡中，特别是淘汰、屠宰的鸡中发现多。虽然大龄鸡比雏鸡严重，但在雏鸡中也可见到严重的开放性的结核病。病鸡肺空洞形成，气管和肠道的溃疡性结核病变，可排出大量禽分枝杆菌，是结核病的第一传播来源。在其他环境条件下，如鸡群的饲养管理、密闭式鸡舍、气候、运输工具等也可促进本病的发生和发展。因此，在饲养管理上我们应该注意到切断传播途径、控制传染源，尽一切努力来防止该病的发生与传播。

3. 临床特点与表现

（1）临床症状。鸡结核病的潜伏期较长，一般需几个月才逐渐表现出明显的症状。待病情进一步发展，病鸡的体温正常或偏高，可见病鸡精神委顿，衰弱，体况消瘦，虽然食欲正常，但体重减轻，羽毛粗乱，翅膀下垂，皮肤干燥，缩颈呆立，鸡冠、肉髯苍白萎缩，胸部肌肉明显萎缩，胸骨凸出；若有肠结核或有肠道溃疡病变，可见到粪便稀，或明显的下痢，或时好时坏，长期消瘦，最后衰竭而死；关节结核时，关节肿大或破裂，表现一侧或两侧跛行；脑膜结核可见有呕吐、兴奋、抑制等神经症状。淋巴结肿大，可用手触摸到；肺结核病时病禽咳嗽、呼吸粗、次数增加。严重者肝、脾破裂出血，饮食废绝，最后因极度衰竭而死亡。

（2）病理变化。病变的主要特征是在内脏器官，如肺、脾、肝、肠上出现不规则的、浅灰黄色、从针尖大小的结核结节，将结核结节切开，可见结核外面包裹一层纤维组织性的包膜，内有黄白色干酪样坏死，通常不发生钙化。多个发展程度不同的结节，融合成一个大结节，在外观上呈瘤样轮廓，其表面常有较小的结节，进一步发展，变为中心呈干酪样坏死，外有包膜。

结核病的组织学病变主要是形成结核结节，由于禽分枝杆菌对组织的原发性损害是轻微的变质性炎之后，在损害处周围组织充血和浆液性、浆液性纤维蛋白渗出性病变，在变质、渗出的同时或之后，就产生网状内皮组织细胞的增生，形成淋巴样细胞，上皮样细胞和朗罕氏多核巨细胞。因此，结节形成初期，中心有变质性炎症。疾病的进一步发展，中心产生干酪样坏死，再恶化则增生的细胞也发生干酪化，结核结节也就增大。

4. 临床诊断

（1）病原学检测。剖检时，发现典型的结核病变，即可做出初步诊断，进一步确诊需进行实验室诊断。

涂片、镜检应采取病死禽或扑杀禽的结核病灶病料，直接制成抹片，染色，镜检。由于本菌具有抗酸染色的特性，多采取姜-尼氏染色法染色，在镜检抹片病料时，可见单个、成对、成堆、成团的红色杆菌，无鞭毛、无荚膜、无芽孢，可初步诊断为禽结核病。

（2）鉴别诊断。本病应注意与大肠杆菌病、肿瘤等相鉴别。

结核病最重要的特征是在病变组织中可检出大量的抗酸杆菌，而在其他任何已知的禽病中都不出现抗酸杆菌。

①与大肠杆菌病：鸡大肠杆菌肉芽肿病是由黏液性大肠杆菌引起，典型肉芽肿主要发生在肝脏、盲肠、十二指肠和肠系膜，而脾脏和骨髓几乎从不受害，没有这种病变。大肠杆菌肉芽肿结节比结核结节要大得多，有时波及半个肝脏。结节内含有灰色或灰黄色凝固性坏死。切面隐约可见放射状，环状波纹或多层性。镜检：见坏死灶中有大量的轮层性核碎片聚集，坏死物周围有上皮样细胞带，但巨细胞很少。在上皮样细胞带周围有不等的肉芽组织带，其中，有嗜异性白细胞。抗酸染色在结节内没有红色抗酸杆菌，有蓝色小杆菌。

②与鸡 WD：鸡 WD 是由鸡疱疹病毒引起的鸡最常见的淋巴组织增生性疾病。以外周神经、性腺、各种脏器、肌肉和皮肤的淋巴样细胞浸润、增生性和肿瘤形成特征。在内脏型 WD 病中，见肝、脾、肾等器官表面或实质中有孤立、粗大、隆起的灰白色或灰黄色肿瘤结节，切面致密、平整。镜检：见急性淋巴细胞性肿瘤中有小淋巴细胞、中淋巴细胞、大淋巴细胞、原淋巴细胞和少量网状内皮细胞。

③与鸡淋巴细胞性白血病：鸡淋巴细胞性白血病是由禽反录病毒科禽 C 型肿瘤病毒引起。肿瘤主要见于肝、脾和法氏囊，也可侵害其他内脏组织。肿瘤大小形态各异，呈灰白色结节或弥散型。镜检：肿瘤结节均由原淋巴细胞构成。在普通染色和抗酸性染色法中均无细菌存在。

5. 防治

（1）防控措施。禽结核杆菌对外界环境因素有很强的抵抗力，其在土壤中可生存并保持毒力达数年之久，一个感染结核病的鸡群即使是被全部淘汰，其场舍也可能成为一个长期的传染源。因此，消灭本病的最根本措施是建立无结核病鸡群。基本方法是：①淘汰感染鸡群，废弃老场舍、老设备，在无结核病的地区建立新鸡舍；发现病鸡应及时深埋或焚烧后深埋。对鸡舍用福尔马林熏蒸消毒，对用具和场地用 100 克/升的漂白粉溶液进行多次消毒。②引进无结核病的鸡群。严防引种时从外地引进病鸡，对引进的种鸡应隔离检疫。提高网上育雏，尽量减少鸡接触粪便的机会。新引进鸡进舍前应对旧鸡舍进行彻底清扫和消毒，平时注意保持环境卫生。鸡结核病视为不治之症。预防和控制本病必须采取科学合理的综合性防治措施，才能建立和保持无结核病鸡群。③检测小母鸡，净化新鸡群。对全部鸡群定期进行结核检疫，以清除传染源。鸡场凡需引进种鸡的必须到非疫区，并对新引进的鸡检疫隔离 60 天，用结核菌素作重复试验。阴性反应鸡才能进入无结核病的鸡群中。另外，对所有鸡群进行定期检疫，及时掌握鸡群中结核病发生动态。④禁止使用有结核菌污染的饲料。淘汰其他患结核病的动物，消灭传染源。⑤采取严格的管理和消毒措施，限制鸡群运动范围，防止外来感染源的侵入。

在鸡场如果发现结核病时，应及时进行处理。将病死鸡焚烧或掩埋，鸡舍及环境进行彻底清扫和消毒、清除的粪便。用石灰碱溶液消毒，如为泥土地面，应铲去表层土壤，消毒并更换新土。

（2）治疗。本病一旦发生，通常无治疗价值。但对价值高的珍禽类，可在严格隔离状态下进行药物治疗。可选择异烟肼（30 毫克/千克）、乙二胺二丁醇（30 毫克/毫升）、链霉素等进行联合治疗，可使病禽临床症状减轻。建议疗程为 18 个月，一般无毒副作用。鸡在 60 ~ 75 日龄时将卡介苗按每只鸡 0.25 ~ 0.5 毫克干粉苗混于饲料中喂服，隔日 1 次，共用 3 次；也可将卡介苗行肌肉注射，均有良好的预防效果。

八、鸡坏死性肠炎

本病是由魏氏梭菌引起的一种消化道急性传染病，是以引起小肠后段肠管明显增粗和黏膜坏死为主要特征的急性散发性传染病主要症状，以及病鸡排带血的黑色稀粪。该病发生广泛流行，天气持续少雨干旱，使用劣质鱼粉等是本病的诱发原因。主要侵害 2~5 周龄地面平养的肉仔鸡，以严重消化不良，生长发育停滞为主要特征。

1. 病原

病的病原体为 A 型和 C 型魏氏梭菌（产气荚膜梭菌）。产气荚膜梭菌均能产生毒素和酶类，A 型魏氏梭菌主要产生的 a 毒素和 C 型魏氏梭菌主要产生的 p 毒素，这些毒素是引起感染鸡肠黏膜坏死这一特征性病变的直接因素。魏氏梭菌为革兰氏染色阳性，能形成芽孢的大肠杆菌。菌体在外界环境中的抵抗力较强，高压灭菌 20 分钟可将芽孢杀死。魏氏梭菌产生的毒素，70℃ 30~60 分钟可被破坏。

2. 流行病学

本病多发于潮湿温暖的季节，以 2~5 周龄发病，尤其是 3 周龄的肉鸡多发，平养鸡比笼养鸡多发。该病青年鸡、肉用鸡多发，呈散发性，传播快。本病涉及区域广泛，以突然发病、急性死亡、死亡率低为特征。其显著的流行特点是，在固定的区域或固定鸡群中反复发作，断断续续的出现病死鸡和淘汰鸡，病程持续时间长，可直至该鸡群上市。

魏氏梭菌广泛存在于粪便、土壤、灰尘、污染的饲料、垫草及肠内容物中，从正常鸡的排泄物中分离到了魏氏梭菌，但不一定呈现致病性。只有在一些诱因参与下，如饲料成分的改变蛋白质的含量增加、口服抗生素、肠黏膜损伤、高纤维性垫料、各种球虫感染、环境中魏氏梭菌含量增多等情况下，都能诱发本病的发生。

3. 临床特点与表现

（1）临床症状。本病主要侵害 2~5 周龄地面平养的肉仔鸡，3 周龄以内的肉鸡发病率高。病鸡精神沉郁，闭眼嗜睡，食欲不良，羽毛松乱无光泽，驱赶不前，腹泻，排黑褐色煤焦油样粪便、有时带有血液。该病与小肠球虫病并发时，呈现拉灰黄色稀粪便。病程稍长，有的出现神经症状。病鸡翅腿麻痹，颤动，站立不起，瘫痪，双翅拍地，触摸时发出尖叫声。

本病起病急，常突然发生。最急性病例，未见到症状就突然死亡。呈零星发生和死亡，病程短，一般 1~2 天死亡，死亡率每天 0.3%~0.5%。但过去对该病的认识局限于有临床症状型的，现在发现了亚临床症状型的，又称温和型的坏死性肠炎。虽然没有可见的症状，但由于肠道有轻微的病变，所以，影响消化和吸收，因此，使鸡的生长速度减慢，饲料转化率下降，影响肉鸡的生长，造成较大的经济损失。

（2）病理变化。剖检病变主要发生在小肠特别是空肠和回肠，部分盲肠也可见病变。小肠充满气体而明显膨胀，肠内含有灰白色或黄白色的渗出物，有的充满了泡沫样棕色稀状物，肠壁脆弱，肠黏膜覆盖着疏松或致密的灰绿色假膜。肠壁浆膜层可见出血，有的病变呈弥漫性、局灶性。黏膜出血深达肌层，时有弥漫性出血并发生严重坏死与小肠球虫病并发时，肠内容物呈柿黄色，混有碎的小凝血块，肠壁有针尖大小出血点或坏死灶。胆脏肿大表面有不规则坏死灶，胆汁充盈，心脏表面有突出的黄白色的小米粒大小结节。肾脏稍肿、稀软，色泽变淡。

组织变化：自然病例的特征性组织学病变是肠黏膜的严重坏死。最初病变集中发生于肠绒毛顶端，主要表现为上皮脱落，并伴有凝固性坏死。坏死区周围有异嗜性细胞。病情稍长者，病变从绒毛顶端发展到隐窝，坏死可扩展到黏膜下层和肌层。绒毛和

肉鸡常见病特征与防控知识集要

上皮崩解脱落，固有层充血，淋巴细胞增多，坏死灶底部成纤维细胞增生。

4. 临床诊断

根据典型的剖检变化和组织学病变以及分离到魏氏梭菌即可被确诊。本病常与小肠球虫病并发，极易被后者所掩盖。

（1）鉴别诊断。球虫鉴别：取小肠受损病变部位的肠黏膜刮取物涂片，火焰固定，革兰氏染色，镜检发现有许多两端钝圆的革兰氏阳性肠杆菌。用该刮取物直接涂片、镜检，有时可发现数个艾美尔球虫卵囊，证明有球虫病并发。

（2）病原学检测。无菌刮取有典型病变的肠黏膜（取自死亡后4小时以内的鸡），画线接种于葡萄糖血液琼脂上，37℃厌氧培养过夜，可生成几个圆形光滑隆起，淡灰色，直径2～4毫米的较大型菌落，菌落周围发生内区完全溶血、外区不完全溶血和脱色的双重溶血现象。挑取此菌落压片、染色、镜检发现与前面所述相同的细菌。

5. 防治

（1）防治措施。由于魏氏梭菌能产生芽孢，养殖场一旦被污染，非常难于清除。因此，坏死性肠炎重在预防，必须从良好的管理和卫生条件开始，而且这将有助于消减甚至清除在肉鸡生产过程的药物。发现病鸡立即隔离或淘汰，以免扩大病情。对发生本病的鸡舍要彻底消毒，要选用高效消毒药。如果一个鸡群发生了本病，在引进新的鸡群时所用垫料必须完全清除。对垫料pH值必须调整，通过垫料增效剂改变垫料的pH值可以创造一个不适于细菌生长的环境。

除加强生物安全管理外，定期使用抗球虫药物，预防球虫病的发生也比较重要。另外，在饲料中添加对魏氏梭菌有特效的抗生素等抑制梭菌的繁殖，对预防坏死性肠炎具有重要意义。减少应激，不要突然更换饲料，饲养密度要适宜。要经常更换垫料，采用全进全出方式，定期消毒，减少苍蝇等的滋生和繁殖。

（2）治疗。该病确诊后，要以治疗坏死性肠炎为主，兼治小肠球虫病为辅的原则。首先加强通风换气，全群隔日带鸡消毒一次。痢菌净0.03%饮水一日2次，每次2～3小时，连用3～5天；饲料中拌入15毫克/千克杆菌肽和70毫克/千克盐霉素。2周龄以内的雏鸡，100升饮水中加入羟氨苄青霉素20克，每日2次，每次2～3小时，连用3～5天。用药24小时后，粪便颜色明显改观，病鸡症状减轻，采食量增加，3天后症状消失，鸡群恢复正常，以后再加强用药2天。最好根据发病情况，对特定的细菌进行药敏试验，这样会更好指导全群用药，治疗预防效果会更佳。

九、鸡肉毒梭菌中毒

肉毒梭菌中毒又名软颈症，是由肉毒梭菌产生的外毒素引起的一种中毒病，以运动神经麻痹和迅速死亡为特征。该病在家禽中广泛流行，对规模化、集约化养鸡业有时会暴发疾病以至于死亡，应该予以重视。该病的发生不受地域限制，各国均有发生报道，早期主要发生于放养家禽，近年的报道也有密集饲养的肉鸡场多次发生本病的情况。

1. 病原

肉鸡肉毒梭菌中毒的病原是梭菌属中的肉毒梭菌，为革兰氏阳性的粗大杆菌，属厌氧性芽孢杆菌。并能在适宜的环境中产生并释放蛋白质外毒素。肉毒梭菌依据生理特性分成3群（Ⅰ、Ⅱ、Ⅲ），依据毒素的抗原性不同分成8型（A、B、Cα、Cβ、D、E、F、G）。禽肉毒梭菌中毒主要由C型引起，但也有A型或E型。

肉毒梭菌毒素是迄今所知的几种毒性最强的毒素之一，本菌繁殖体抵抗力不强，加热80℃30分钟或100℃10分钟能将其杀死。但芽孢的抵抗力极强，煮沸需 6 小时，120℃高压需 10 ～ 20 分钟，180℃干燥需 5 ～ 15 分钟才能将其杀死。C 型肉毒梭菌芽孢较 A 型肉毒梭菌和 B 型肉毒梭菌芽孢对热更敏感。肉毒毒素的抵抗力较强，在 pH 值 3 ～ 6 范围内毒性不减弱，正常胃液或消化酶 24 小时内不能将其破坏；但在 pH 值 8.5 以上即被破坏，因而 1% NaOH、0.1% 高锰酸钾加热 80℃ 30 分钟、100℃ 10 分钟均能破坏毒素。

2. 流行病学

肉毒梭菌在自然界广泛分布，也存在于健康动物的肠道和粪便中、在土壤、干草、蔬菜、水果中也可以分离到。该菌在厌氧条件下能产生很强的外毒素，采食含有这种有毒的物质后引起中毒。

本病常在温暖季节发生，因为气温高，有利于肉毒梭菌生长和产生毒素。一般认为，C 型肉毒梭菌产生的外毒素可以污染饲料，而误食污染有毒素的饲料等是本病的重要致病因素，但近年来，也有报道 C 型肉毒梭菌可在动物体内产生毒素而致病。

水生环境中的小甲壳类的内脏及某些昆虫卵中含有肉毒梭菌，因施药、水位反复波动等导致死亡、腐败，肉毒梭菌即可大量生长繁殖并产生毒素。误食这些无脊椎动物尸体后即可发生 C 型肉毒中毒。

发病率和死亡率与吃入的毒素的量有关，毒素量低则发病率小和死亡率低，但这往往导致误诊。肉鸡群大流行时死亡率可高达 40%，有的死亡率可高达 90% ～ 100%。现代化养禽业由于较散养减少了家禽误食污染食物的机会，而降低了本病的发病率。

3. 临床特点与表现

（1）临床症状。本病潜伏期 4 ～ 20 天，其时间取决于摄入的毒素多少。一般于摄食腐败动植物 1 ～ 2 小时至 1 ～ 2 天后出现症状。鸡皮下或静脉注射或口服 C 型毒素所引起的临诊症状与自然病例一致。高剂量毒素，在数小时内发病，剂量小时，则发生麻痹的时间一般为 1～2 天。发病率和死亡率与摄入的外毒素量多少有关，严重者数小时死亡，轻度可耐过。

鸡肉毒梭菌中毒主要表现为突然发病、无精神、食欲停止、懒动、蹲坐，驱赶时跛行、打瞌睡，头颈、腿、眼睑、翅膀等发生麻痹，麻痹现象由四肢末梢开始向中枢神经发展。重症的头颈伸直，平铺地面，不能抬起，说明颈部麻痹，因此，本病又称为软颈病。病鸡常见下痢，排出粪便稀软，呈绿色，稀粪中含有多量的尿酸盐，病后期严重的甚至听觉失灵，心脏衰竭以及由于呼吸肌麻痹导致死亡。

（2）病理变化。本病没有特定病例变化。鸡 C 型肉毒中毒尸体剖检，可见鸡的口腔至嗉囊，可见口腔黏膜潮红、湿润、多黏液；嗉囊、喉头、气管内有少量灰黄色带泡沫的黏液，咽喉以及肺胀肿大有不同程度的出血点，呈土黄色；脾淤血，肿大。胃内含有消化的食物和腐败物，胃黏膜出现充血、出血以及轻度卡他性病变。整个肠道黏膜充血、出血以及卡他性肠炎，尤以十二指肠最严重，盲肠则较轻或无病变，其他脏器无明显变化。

4. 临床诊断

依据临床特征表现特征，由后躯向前躯进行运动系统麻痹、瘫痪、呼吸困难、尸体无特异性病理变化等特点，可作出初步临床诊断。

（1）病原学检测。病原菌分离厌氧分离肉毒梭菌对本病诊断意义不大，因为本菌在正常消化道中广泛分布。但对饲料及环境样品中肉毒梭菌的检测有助于流行病学调查。欲想从家禽或环境中分离出肉毒梭菌，应无菌采集病料（嗉囊、十二指肠、空肠、盲肠、肝、脾等）。环境样品有饲料、饮水、垫草、土壤等。

（2）鉴别诊断。对肉毒中毒的鉴别诊断是基于特征性的临诊症状，缺乏肉眼和组织学变化而定。肉毒中毒的初期症状是腿、翅的麻痹，这容易与马立克氏病、脑脊髓炎和新城疫相混淆。但通过病毒的分离，肉眼或显微镜的病变观察能与肉毒中毒相区别。由营养不足或抗球虫药物中毒引起的肌肉麻痹，可通过分析可疑饲料来加以鉴别。

（3）动物试验。毒素诊断确诊则需要检查病禽血清、嗉囊以及胃肠道冲洗物中的毒素。用健康鸡复制本病：试验分为2组，取病鸡嗉囊中内容物加生理盐水10毫升，在灭菌乳钵中研磨制成悬液，室温浸出1小时后用滤纸过滤，将滤液分为2等份，一份加热100℃，300分钟灭活；另一份不处理做对照。用上述灭活液和对照液分别接种2只健康鸡的左右眼睑皮下各0.2毫升。用左眼做试验，右眼作对照。4小时后2只鸡左眼麻痹半闭合，敲打鸡头左眼仍睁不开，而右眼闭合自如。18小时之后全部死亡。在实际诊断中有一定参考价值。

5. 防治

（1）防治措施。该病是由一种毒素中毒病，要着重清除环境中肉毒梭菌及其毒素来源。及时清除死禽，对预防和控制本病非常重要。不使家禽接触或吃食腐败的动物尸体，凡死亡动物应立即清除或火化，注意饲料卫生，不吃腐败的肉、鱼粉、蔬菜和死禽。在疫区及时清除污染的垫料和粪便，并用次氯酸或福尔马林彻底消毒，以减少环境中的肉毒梭菌芽孢的含量。芽孢存在于禽舍周围的土壤中，很易被带回禽舍内。建议对禽舍周围进行消毒。灭蝇以减少蛆的数目，对本病的预防也有所裨益。一旦暴发流行本病，饲喂低能量饲料可降低死亡率。此病的发生常与夏秋天气闷热和干旱季节湖水下降引起湖内水生动物的死亡有关。

认真清理草塘环境卫生，撒生石灰进行消毒，改放养为舍饲，另外，在鸡的饮水中按6%的量投服硫酸镁进行缓泻，以利毒物的排出，然后饮用含5%的葡萄糖水，连饮3天，鸡发生此病后，应首先查明毒素来源。本病重点在于预防，平时应注意搞好环境卫生，动物尸体不能乱扔，而应焚烧或深埋。

（2）治疗。本病尚无有效药物治疗，只能对症治疗。中毒较轻的病禽可内服硫酸钠或高锰酸钾水洗胃，有一定效果；饮5%～7%硫酸镁，结合饮用链霉素糖水有一定疗效。阿米卡星、头孢曲松钠、恩诺沙星、黄芪多糖注射液等都对该病由显著治疗效果。50%葡萄糖溶液，每只鸡灌服 10～20 毫升，每天 2～3 次，连续 3～4 天。同时，以排出毒素和注射抗毒素为原则，结合泻药使毒素排出体外或减少毒素吸收，饮水中加入葡萄糖多维、维生素 A、E 以保护肝脏，增强解毒能力，降低死亡率，加快康复。对于严重病例，肌肉注射抗毒素血清，可收到良好效果。

十、鸡葡萄球菌病

鸡葡萄球菌病是由葡萄球菌病所引起的一种传染病，一般认为金黄色葡萄球菌是主要的致病菌，该病有多种类型，给养鸡业造成较大损失。临诊表现为急性败血症状、关节炎、雏鸡脐炎、皮肤坏死和骨膜炎。雏鸡感染后多为急性败血病的症状和病理变化，中雏为急性或慢性，成年鸡多为慢性。雏鸡和中雏死亡率较高，是养鸡业中危害严重的疾病之一。因此，葡萄球菌现已是广泛分布于世界的病原菌之一，引起普遍的重视。

1. 病原

鸡葡萄球菌病主要是金黄色葡萄球菌引起的。典型的葡萄球菌为圆形或卵圆形，常单个、成对或葡萄状排列，无鞭毛，无荚膜，不产生芽孢。菌落依菌株不同形成不同颜色，初呈灰白色，继而为金黄色、白色或柠檬色。血液琼脂平板上生长的菌落较大，有些菌株菌落周围还有明显的溶血环（β溶血），产生溶血菌落的菌株多为病原菌。在普通肉汤中生长迅速，初混浊，管底有少量沉淀。

葡萄球菌的毒力强弱、致病力的大小常与细菌产生的毒素和酶有密切关系。致病性葡萄球菌产生的主要毒素和酶有以下几种。

（1）溶血毒素多数病原性葡萄球菌产生溶血毒素，不耐热，在血液平板上菌落周围有溶血环。溶血毒素是一种外毒素，能自肉汤培养液过滤而得，将毒素给家兔皮下注射，可引起皮肤坏死；如静脉注射，经5～30分钟可引起家兔死亡。该毒素经甲醛处理后，可制成类毒素，用于葡萄球菌感染的预防和治疗。

（2）杀白细胞素多数致病性菌株能产生这种毒素。它是一种蛋白质，不耐热，有抗原性，能破坏人或兔白细胞和巨噬细胞，使其失去活力。

（3）肠毒素有些金黄色葡萄球菌（约50%）能产生这种毒素，引起人的食物中毒，引起人、猫、猴的急性胃肠炎。肠毒素为一种可溶性蛋白质，耐热，经100℃煮沸30分钟不被破坏，也不受胰蛋白酶的影响。

葡萄球菌肠毒素，100℃煮沸15～20分钟不被破坏。金黄色葡萄球菌在高于46.6℃或低于5.6℃时不能产生肠毒素。产毒最适温度为18～20℃，经36小时即能产生大量肠毒素。

（4）凝固酶它能使含有抗凝剂的家兔和人血浆发生凝固。多数病原性葡萄球菌（97%）产生凝固酶，非致病菌一般不产生此酶。凝固酶耐热，100℃，30分钟或高压消毒后，仍能保存部分活力，但蛋白分解酶可使它破坏。

（5）DNA酶和耐热核酸酶当组织细胞及白细胞崩解时释放出核酸，使组织渗出液的黏性增加，DNA酶能迅速分解之，有利于细胞在组织中扩散。金黄色葡萄球菌能产生DNA酶，故曾作为测定金黄色葡萄球菌致病性的指标之一。

（6）透明质酸酶是机体结缔组织中基质的主要成分，它被水解后结缔组织细胞间失去黏性呈疏松状态，有利于细菌和毒素在机体内扩散，因此，又称为扩散因子。

（7）抵抗力。葡萄球菌对理化因子的抵抗力较强。对干燥、热（50℃30分钟）、9%氯化钠都有相当大的抵抗力。在干燥的脓汁或血液中可存活数月。反复冷冻30次仍能存活。加热70℃，21小时或80℃，30分钟才能杀死，煮沸可迅速使它死亡。一般消毒药中，以石炭酸的消毒效果较好，3%～5%石炭酸10～15分钟、70%乙醇数分钟、0.1%升汞10～15分钟可杀死本菌。0.3%过氧乙酸有较好的消毒效果。

2. 流行病学

本病一年四季均可发生，以雨季、潮湿时节发生较多。平养和笼养都有发生，但以笼养为多。鸡的发病日龄较为特征，以40～60日龄的鸡发病最多。

金黄色葡萄球菌可侵害各种禽，尤其是鸡和火鸡。任何年龄的鸡，甚至鸡胚都可感染。虽然4～6周龄的雏鸡极其敏感，但实际上发生在40～60日龄的中雏最多。

金黄色葡萄球菌在自然界分布很广，在土壤、空气、尘埃、水、饲料、地面、粪便、污水及物体表面均有本菌存在。禽类的皮肤、羽毛、眼睑、黏膜、肠道亦分布有葡萄球菌。发病鸡舍的地面、网架（面）、空气、墙壁、水槽、粪等处有多量本菌存在。本病的主要传染途径是皮肤和黏膜的创伤，但也可能直接接触和空气传播，雏鸡通过脐带也是常见的途径。

饲养管理上的缺点鸡群过大、拥挤，通风不良，鸡舍空气污浊（氨气过浓），鸡舍卫生太差，饲料单一、缺乏维生素和矿物质及存在某些疾病等因素，均可促进葡萄球菌的发生和增大死亡率。

3. 临床症状

本病可以急性或慢性发作，这取决于侵入鸡体血液中的细菌数量、毒力和卫生状况。

（1）症状。

①急性败血型：病鸡出现全身症状，精神不振或沉郁，不爱跑动，常呆立一处或蹲伏，两翅下垂，缩颈，眼半闭呈嗜睡状。羽毛蓬松零乱，无光泽。病鸡饮、食欲减退或废绝。少部分病鸡下痢，排出灰白色或黄绿色稀粪。较为特征的症状是，捉住病鸡检查时，可见腹胸部甚至嗉囊周围、大腿内侧皮下水肿，潴留数量不等的血样渗出液体，外观呈紫色或紫褐色，有波动感，局部羽毛脱落，或用手一摸即可脱掉。其中，有的病鸡可见自然破溃，流出茶色或紫红色液体，与周围羽毛粘连，局部污秽，有部分病鸡在头颈、翅膀背侧及腹面、翅尖、尾、脸、背及腿等不同部位的皮肤出现大小不等的出血、炎性坏死，局部干燥结痂，暗紫色，无毛；早期病例，局部皮下湿润，暗紫红色，溶血，糜烂。以上表现是葡萄球菌病常见的病型，多发生于中雏，病鸡在2～5天死亡，快者1～2天呈急性死亡。

②关节炎型：病鸡可见到关节炎症状，多个关节炎性肿胀，特别是趾、跖关节肿大为多见，呈紫红或紫黑色，有的见破溃，并结成污黑色痂。有的出现趾瘤，脚底肿大，有的趾尖发生坏死，黑紫色，较干涩。发生关节炎的病鸡表现跛行，不喜站立和走动，多伏卧，一般仍有饮、食欲，多因采食困难，饥饱不匀，病鸡逐渐消瘦，最后衰弱死亡，尤其在大群饲养时极为明显。此型病程多为10余天。有的病鸡趾端坏疽、干脱。如果发病鸡群有鸡痘流行时，部分病鸡还可见到鸡痘的病状。

③脐带炎型：是孵出不久雏鸡发生脐炎的一种葡萄球菌病的病型，对雏鸡造成一定危害。由于某些原因，鸡胚及新出壳的雏鸡脐环闭合不全，葡萄球菌感染后，即可引起脐炎。病鸡除一般病状外，可见腹部膨大，脐孔发炎肿大，局部呈黄红紫黑色，质稍硬，间有分泌物。饲养员常称为"大肚脐"。脐炎病鸡可在出

壳后2~5天死亡。某些鸡场工作人员因鉴于本病多归死亡，见"大肚脐"雏鸡后立即摔死或烧掉，这是一个果断的做法。

（2）病理变化。

①急性败血型：特征是肉眼变化是胸部的病变征兆，可见死鸡胸部、前腹部羽毛稀少或脱毛，皮肤呈紫黑色水肿，有的自然破溃则局部沾污。剪开皮肤可见整个胸、腹部皮下充血、溶血，呈弥漫性紫红色或黑红色，积有大量胶冻样粉红色或黄红色水肿液，水肿可延至两腿内侧、后腹部，前达嗉囊周围，但以胸部为多。同时，胸腹部甚至腿内侧见有分散的出血斑点或条纹，特别是胸骨柄处肌肉弥散性出血斑或出血条纹为重，病程久者还可见轻度坏死。肝脏肿大，淡紫红色，有花纹或斑驳样变化，小叶明显。在病程稍长的病例，肝上还可见数量不等的白色坏死点。脾亦见肿大，紫红色，病程稍长者也有白色坏死点。腹腔脂肪、肌胃浆膜等处，有时可见紫红色水肿或出血。心包积液，呈黄红色半透明状。心冠状沟脂肪及心外膜偶见出血。有的病例还见肠炎发生。腔上囊无明显变化。在发病过程中，也有少数病例，无明显眼观病变，但可分离出病原。

②关节炎型：可见关节炎和滑膜炎。某些关节肿大，滑膜增厚，充血或出血，关节囊内有或多或少的浆液，或有浆性纤维素渗出物。病程较长的慢性病例，后变成干酪样性坏死，甚至关节周围结缔组织增生及畸形。

幼雏以脐炎为主的病例，可见脐部肿大，紫红或紫黑色，有暗红色或黄红色液体，时间稍久则为脓样干涸坏死物。肝有出血点。卵黄吸收不良，呈黄红或黑灰色，液体状或内混絮状物。病鸡体表不同部位见皮炎、坏死，甚至坏疽变化。如有鸡痘同时发生时，则有相应的病变。眼型病例，可见与生前相应的病变。肺型病例的肺部则以淤血、水肿和肺实变为特征。甚至见到黑紫色坏疽样病变。

4. 临床诊断

根据发病的流行病学特点，各型临诊症状及病理变化，可以在现场作出初步诊断。

（1）临床诊断。

①流行病学特点有造成外伤的因素存在，如鸡痘等；以40~60日龄鸡多发，死亡也多；饲养管理上存在某些缺点等。

②临诊症状：急性败血症病状；皮下水肿及体表不同部位皮肤的炎症；关节炎；雏鸡脐炎；眼型及肺型症状；胚胎死亡等。

③病理剖检变化：胸、腹部皮下有多量渗出液体及肌肉的出血性炎症；体表不同部位皮肤的出血、坏死；病程稍长病例的肝、脾坏死灶；关节炎及雏鸡脐炎的病变；死胚病变；眼型及肺型的相应变化。

（2）病原学检测。实验室的细菌学检查是确诊本病的主要方法。

直接镜检：根据不同病型采取病料（皮下渗出液、肝、脾、关节液、眼分泌物、脐炎部、雏鸡卵黄囊和肝、死胎等）涂片、染色、镜检，可见到多量的葡萄球菌。根据细菌形态、排列和染色特性等，可作出初步诊断。分离培养与鉴定：将病料接种到普通琼脂培养基上进行分离培养。

（3）动物试验。家兔皮下注射24小时培养物1毫升，可引起局部皮肤溃疡、坏死；静脉接种0.1~0.5毫升，可于24~48小时死亡。将分离物于鸡皮下接种，亦可引起发病和死亡，与自然病例相同。

5. 防治

（1）预防措施。葡萄球菌病是一种环境性疾病，为预防本病的发生，主要是做好经常性的预防工作。

①防止发生外伤：创伤是引起发病的重要原因，因此，在鸡饲养过程中，尽量避免和消除使鸡发生外伤的诸多因素，如笼架

结构要规范化，装备要配套、整齐，自己编造的笼网等要细致，防止铁丝等尖锐物品引起皮肤损伤的发生，从而堵截葡萄球菌的侵入和感染门户。

②做好皮肤外伤的消毒处理：在断喙、带翅号（或脚号）、剪趾及免疫刺种时，要做好消毒工作。除了发现外伤要及时处治外，还需针对可能发生的原因采取预防办法，如避免刺种免疫引起感染，可改为气雾免疫法或饮水免疫；鸡痘刺种时作好消毒；进行上述工作前后，采用添加药物进行预防等。

③适时接种鸡痘疫苗，预防鸡痘发生：从实际观察中表明，鸡痘的发生常是鸡群发生葡萄球菌病的重要因素，因此，平时作好鸡痘免疫是十分重要的。

④搞好鸡舍卫生及消毒工作：做好鸡舍、用具、环境的清洁卫生及消毒工作，这对减少环境中的含菌量，消除传染源，降低感染机会、防止本病的发生有十分重要的意义。

⑤加强饲养管理：喂给必需的营养物质，特别要供给足够维生素和矿物质；禽舍内要适时通风、保持干燥；鸡群不易过大，避免拥挤；有适当的光照；适时断喙；防止互啄现象。这样，就可防止或减少啄伤的发生，并使鸡只有较强的体质和抗病力。

⑥做好孵化过程中的卫生及消毒工作：要注意种卵、孵化器及孵化全过程的清洁卫生及消毒工作，防止工作人员（特别是雌雄鉴别人员）污染葡萄球菌，引起雏鸡感染或发病，甚至散播疫病。

⑦预防接种：发病较多的鸡场，为了控制该病的发生和蔓延，可用葡萄球菌多价苗给20日龄左右的雏鸡注射。

（2）治疗。一旦鸡群发病，要立即全群给药治疗。一般可使用以下药物治疗。

庆大霉素：如果发病鸡数不多时，可用硫酸庆大霉素针剂，按每只鸡每千克体重3 000～5 000单位肌肉注射，每日2次，连用3天。

卡那霉素：硫酸卡那霉素针剂，按每只鸡每千克体重1 000~1 500单位肌肉注射，每天2次，连用3天。

以上两种药治疗效果较好，但要抓鸡，费工费时，对鸡群也有惊动，是其缺点。如果用片剂内服，效果不好，因本品内服吸收较少，加之病鸡少吃料，少饮水，口服法难达治疗目的。实际中有的单位常以口服给药。

氯霉素：可按0.2%的量混入饲料中喂服，连服3天。如用针剂，按每只鸡每千克体重20~40毫克计算，1次肌肉注射，或配成0.1%水溶液，让鸡饮服，连用3天。

红霉素：按0.01%~0.02%药量加入饲料中喂服，连用3天。

土霉素、四环素、金霉素：按0.2%的比例加入饲料中喂服，连用3~5天。

链霉素：成年鸡按每只10万单位肌肉注射，每日2次，连用3~5天，或按0.1%~0.2%浓度饮水。

磺胺类药物：磺胺嘧啶、磺胺二甲基嘧啶按0.5%比例加入饲料喂服，连用3~5天，或用其钠盐，按0.1%~0.2%浓度溶于水中，供饮用2~3天；磺胺5甲氧嘧啶或磺胺-6-甲氧嘧啶按0.3%~0.5%浓度拌料，喂服3~5天；0.1%磺胺喹恶啉拌料喂服3~5天；或用磺胺增效剂（TMP）与磺胺类药物按1∶5混合，以0.02%浓度混料喂服，连用3~5天。

黄芩、黄连、焦大黄、板蓝根、茜草、大蓟、建曲、甘草各等份用法：混合粉碎，每只鸡口服2克，每天一次，连服3天。

十一、鸡链球菌病

鸡链球菌病是由鸡链球菌引起鸡的一种急性败血性或慢性传染病。急性型的临床特征表现为昏睡、头部发绀、出血、持续性下痢、跛行和瘫痪出现神经症状。剖检可见关节、心包出现纤维性渗出性炎症，有的可见皮下组织及全身浆膜水肿、出血，实质器官如肝、脾、心、肾的肿大，有点状坏死。该病可发生于各种年龄禽类，对于雏鸡和成年鸡易感性强，多呈地方流行，造成较大的经济损失。

1. 病原

链球菌属的细菌，种类较多，在自然界分布很广。引起鸡链球菌病的病原为鸡链球菌，通常为革兰氏抗原血清群 C 群和 D 群的链球菌引起。链球菌为圆形的球状细菌，呈单个、成对或短链存在，革兰氏阳性，不形成芽孢，不能运动。本菌为兼性厌氧菌，在普通培养基上生长不良，在含鲜血或血清的培养基上生长较好。

试验动物中，家兔和小鼠接种最易感，在接种小鼠腹腔后很快死亡。对于家兔静脉注射和腹腔注射，在 24 ~ 48 小时死亡。

2. 流行病学

家禽中鸡、鸭、火鸡、鸽和鹅均有易感性，其中以鸡最敏感。兽疫链球菌主要感染成年鸡，粪链球菌对各种年龄的鸡均有致病性，但多侵害幼龄鸡。由于链球菌在自然界广泛存在，在家禽饲养环境中分布也广。同时，链球菌是禽类和野生禽类肠道菌群的组成部分，通过病禽和健康禽排出病原，污染养禽环境，通过消化道或呼吸道感染。

本病的发生一般是呈散发性，无明显季节性，往往与一定的应激因素有关，如气候变化、温度降低等。本病多发生在鸡舍卫生条件差，饲养密度过高，鸡舍阴暗、潮湿，空气混浊加上鸡群缺乏维生素及微量元素都可以促进本病的发生。

3. 临床特点与表现

（1）临床特征。鸡链球菌病又称睡眠病，是由非化脓性、荚膜链球菌所引起的一种急性出血性败血症和慢性纤维素性炎症。

①急性型：主要表现为败血症病状，多发生于雏鸡。雏鸡突然发病，倒地不起，驱赶不起。步态跳跚，精神委顿，嗜眠或昏睡状，食欲下降，羽毛松乱、无光泽，鸡冠和肉髯发绀或苍白，有时还见肉髯肿大。病鸡腹泻，排出黄白色或淡黄色稀粪，个别鸡死前两肢呈划水样动作。大多数病雏出现症状后 4~10 小时死亡。

②慢性型：多见于青年鸡或成年鸡，主要是病程较缓慢，病鸡精神沉郁，常闭眼，嗜眠，重者昏睡，食欲减少，流出黏性口水，步态跳跚。胫骨下关节红肿，喜蹲伏，不能站立，头藏于翅下或背部羽毛中。临床症状出现后 2~3 天死亡；有的病鸡神经症状明显。阵发性转圈运动，角弓反张。俩翼下垂和足麻痹，痉挛。个别鸡出现结膜炎，眼睑肿胀，有纤维性渗出物，严重的闭眼，以致最后失明，3~5 天后死亡；有的病鸡呈呼吸型临床症状，呼吸困难、呼噜、伸颈、张口呼吸、甩头、打喷嚏、咳嗽，病程发展快。

（2）病理变化。肉鸡病理变化根据其表现型的不同有所差异。

①急性型：剖检主要呈现败血症变化。全身皮下、浆膜及肌肉水肿、出血。心包和腹腔内有浆液性出血性积液、浆液性纤维性渗出物，心冠状沟可见针尖大小出血点，心脏表面和心内膜有片状出血。肝脏淤血肿大，表面见黄褐色或白色大小不等的坏死灶。胆囊充盈。肾肿大、充血或出血。脾脏肿大，呈圆球状，或有出血和坏死。肺淤血或水肿。腺胃黏膜水肿增厚、出血，有的病例喉头有干酪样粟粒大小坏死，气管和支气管黏膜充血，表面有黏性分泌物。

②慢性型：主要是呈现纤维素性炎症的变化。关节炎，腱鞘炎，输卵管炎和卵黄性腹膜炎，纤维素性心包炎，肝周炎的纤维

素性炎症。有时发生纤维素性气囊炎，表现为气囊混浊、增厚。心脏肿大、细软，心瓣膜上可见疣状赘生物增生，呈黄褐色或灰白色、表面粗糙。实质器官（肝、脾、心肌）发生炎症、变性或梗死。小肠有出血性炎症。

4. 临床诊断

发生本病的病鸡，在发病特点、临诊症状和病理变化方面，与多种疫病相近似，如沙门氏菌病、大肠杆菌性败血症、葡萄球菌病、禽霍乱等易混淆。因此，本病的发生特点、临诊症状和病理变化只能作为疑似的依据，确诊时必须依靠细菌的分离与鉴定。

（1）实验室诊断。

①病料涂片、镜检：采取病死鸡的肝、脾、血液、皮下渗出物、关节液或卵黄囊等病料，涂片，用美蓝或瑞氏和革兰氏染色法染色，镜检，可见到蓝、紫色或革兰氏阳性的单个、成对或短链排列的球菌，可初步诊断为本病。

②病原分离培养：将病料接种于鲜血琼脂平板上，24～48小时后，可生长出透明、露滴状、G 溶血的细小菌落，涂片镜检，可见典型的链球菌。

（2）病原学检测。用纯培养物进行培养特性和生化反应鉴定。根据在血液琼脂上生长及鉴别培养和糖发酵进行鉴定。

本病与沙门氏菌病、大肠杆菌性败血症、葡萄球菌病、禽霍乱等疫病。

（3）鉴别诊断。对于有相似的临诊症状和病理变化，要注意与之鉴别诊断。

①大肠杆菌病：症状与病变多样性（雏鸡脑炎、卵黄性腹膜炎、气囊炎、关节炎、眼炎、大肠杆菌肉芽肿、败血症等），急性败血性主要表现纤维素性心包炎和肝周炎，皮炎型见皮肤发炎、坏死、溃烂，有的形成紫色结痂；脑炎型见脑膜出血、充

血、小脑脑膜及实质性出血点；取上述病料培养、镜检可见革兰氏阴性、无芽孢、有周身鞭毛、两端钝圆的小杆菌。

②副伤寒：多见于育成鸡，病鸡饮水增加，排白色水样粪便，怕冷喜近热源。剖检可见肝、脾、肾肿大以及有条纹状出血斑或针尖大小坏死灶，小肠出血性炎症，镜检可看到革兰氏阴性、两端稍圆的细长杆菌。

③葡萄球菌病：葡萄球菌病与链球菌病的不同特点是刚出壳的雏鸡易感染脐炎，2月龄左右易感染败血症，成年鸡易感染皮炎。外伤感染明显，跛行（跗、跖关节炎），胸腹部皮下有多量紫黑色血样渗出液或紫红色胶冻物"大肚脐"，镜检可见葡萄串状堆集的革兰氏阳性球菌。

④霍乱：病鸡鸡冠、肉髯发绀、水肿；剖检可见心冠脂肪及心外膜出血，肝脏表面有多量灰白色小坏死点，十二指肠黏膜发生严重出血、发炎。镜检见有革兰氏阴性、两极着色的圆形小杆菌。

5. 防治

确诊后立即改善饲养环境，增强通风换气，改换新鲜饲料，对笼具全面清洗、消毒，病鸡隔离，单独喂养，并按每只病鸡每次肌注 2 万单位青霉素，每日两次，连用 3 天，同时，全群口服庆大霉素，按每日每只鸡 2 000 单位混入饮水。让鸡自由饮服，连用 4 天。采取上述措施后，病状很快得到控制，死亡停止，全群逐渐恢复健康，收到了较好的效果。直至出售，未再发生新的疫情。

同时，采用中药饮水，用金银花、荞麦根、广西木香、地丁、连翘、板蓝根、黄芩、黄柏、猪苓、白药子各 80 克，茵陈蒿 70 克，藕节炭 100 克，血余炭、鸡内金、仙鹤草各 100 克，大蓟、一见喜各 90 克（为 2 000 羽鸡的剂量）。水煎，取汁浓缩成 2.5 千克。临用前给鸡断水 2 小时，然后将药液作 1∶70 稀释后饮用，每天 2 次，连用 5 天为一疗程，对病重鸡可滴服原药汁 2 毫升/羽，并每天鸡舍带鸡消毒 1 次。肉鸡经用药 5 天后，均康复健活，食欲增加，水泻停止，取得了十分明显的效果。

十二、鸡曲霉菌病

肉鸡曲霉菌病又名曲霉菌性肺炎、雏鸡肺炎。

1. 病原

致病力最强的是黄曲霉和烟曲霉菌，可能涉及的还有土曲霉菌、灰绿曲霉菌、白曲霉、构巢曲霉、黑曲霉等。禽曲霉菌病是禽类的一种真菌性疾病。该菌孢子在外界环境中分布很广，如垫料、墙壁、地面、霉变料、污染空气中。该菌可产生毒素，与发病有关。该菌孢子对外界环境理化因素抵抗力很强。一般消毒药可灭活。

2. 流行特点

本病发生于鸡、火鸡、鸭、鹅和多种鸟。胚胎和 6 周龄以下的雏鸡以及火鸡易感，幼雏多呈暴发性，发病率高，死亡率在 10%～50%，成禽多呈散发。可因误喂霉变饲料或育雏室内有发霉的垫草和垫料，经过消化道和呼吸道力侵入禽体内；孵化时真菌孢子可穿透蛋壳使胚胎感染；所以，育雏室未经消毒和卫生条件不好等均可造成本病的发生和流行。育雏室阴暗潮湿，空气污浊，雏鸡拥挤，温度偏低，通风不良，营养缺乏可诱发本病。

3. 主要症状

潜伏期 2～3 天。雏禽呈急性，成年禽呈慢性。

雏鸡精神不振，食欲减少，生长停滞，羽毛松乱，翅膀下垂，闭目嗜睡，消瘦贫血，冠和肉垂呈紫色。真菌侵害呼吸道，出现呼吸困难，张口呼吸，头颈伸直、喘气，有时摇头，甩鼻，打喷嚏，发现咯咯。真菌侵害眼睛，表现结膜潮红，眼睑肿胀，一侧眼瞬膜下形成绿色大隆起，挤压可见黄色干酪样物，有的角膜中央溃疡。真菌侵害脑，表现扭颈，共济失调，全身痉挛，头向后背，转圈，麻痹。有的消化紊乱，下等。急性病多在 2～3 天死亡，死亡率为 5%～50%。

育成鸡和成年鸡多为慢性，发育不良，羽毛松乱，呆立，消瘦，贫血，下痢，呼吸困难困难，最后死亡。产蛋鸡产蛋减少或停产，病程数天至数月。

4. 诊断

（1）剖检特征。肺脏的真菌结节，从粟粒到小米粒大、绿豆大，大小不一，结节呈黄白色、淡黄色、灰白色，散在分布于肺，稍柔软，有弹性，切开呈干酪样，少数融合成团块。气管、支气管黏膜充血，有淡灰色渗出物。

气囊病初见气囊壁点状或局限性混浊，以后气囊混浊，增厚，有大小不等的真菌结节，或见肥厚隆起的真菌斑，呈圆形，隆起中心凹下，呈深褐色或烟绿色，拨动时见粉状飞扬。

其他如神经系统、内脏器官、皮下、肌肉等可见某些病变；胸前皮下和胸肌有大小不等的圆形或椭圆形肿块；大脑回见有粟粒大的真菌结节，大小脑轻度水肿，表面针尖大出血，黄豆大淡黄色坏死灶；肝变大 2～3 倍，有结节或弥散型的肿瘤病状。

（2）实验室诊断。

①压片镜检：取真菌结节（病肺或气囊）放在载玻片上，加生理盐水或 15%～20% 苛性钠少许，用针划破病料，加盖玻片轻压，使之透明，在显微镜下观察，可见短的分枝状横隔菌丝，呈特征性烧瓶状，顶囊上部的小梗，产生球形或类球形分生孢子，孢子呈绿、灰或蓝绿色。作初步诊断。

②接种培养：取病料（肺和气囊上结节少许）接种到沙堡劳琼脂培养基或马铃薯培养基，37～40℃培养箱内作真菌分离培养，24 小时后观察菌落形态、颜色和结构。

5. 防制要点

（1）不用发霉垫料和饲料，垫料要常更换和翻晒。

（2）保持育雏室清洁、干燥，饲槽和饮水器要常洗。

（3）制霉菌素每 100 只雏鸡用 50 万单位，拌料喂服，日服 2 次，连用 2～3 天。克霉唑（三苯甲咪唑），每 100 只雏鸡用 1 克，拌料喂服，连用 2～3 天。两性霉素 B 可试用。2% 金霉素溶液肌注，每次 2 毫升，每日 3 次，连用 3 天有良效。碘化钾 5～10 克加水 1 000 毫升饮用，连用 3～5 天。罗红霉素、泰乐菌素、北里霉素和泰妙菌素等均有良效。

十三、肉鸡支原体病

本病是由鸡败血性支原体引起的鸡接触性传染性慢性呼吸道病，它只感染鸡与火鸡。发病慢、病程长。本病主要发生于 1～2 月龄雏鸡，在饲养量大、密度高的鸡场更容易发生流行。发病后病鸡先流出浆液性或黏性鼻液，打喷嚏，炎症继续发展时出现咳嗽和呼吸困难，可听到呼吸啰音，到后期鼻腔和眶下窦蓄积多量渗出物，并出现眼睑肿胀，眼部突出。

剖检时可见鼻腔、气管、支气管和气囊中含有黏液性渗出物，特征性病变是全身气囊特别是胸部气囊有不同程度混浊、增厚、水肿，随着病程发展气囊上有大量大小不等的干酪样增生性结节，外观呈念珠状，少数大至鸡蛋，有的出现肺部病变。在慢性病例中可见病鸡眼部有黄色渗出物，结膜内有灰黄色似豆腐渣样物质。1～5 天苗鸡用倍力欣饮水预防，7～10 天用呼泻灵药物饮水预防。发病时可用链霉素、泰乐菌素、北里霉素等治疗可减轻发病症状。

1. 病原

鸡败血支原体用姬姆萨染色效果良好，革兰氏染色呈弱阴性，一般为球形。培养时对营养要求较高，需要牛肉浸液为基础，加有 10% ~ 15% 鸡血清或猪血清或马血清，含 1% 酵母浸膏，加酪蛋白的胰酶水解物和葡萄糖。在这些血清琼脂培养基上于 37℃潮湿环境下培养 5 ~ 6 天后可出现光滑、圆形、透明细小的菌落，具有一个致密的、突起的中心点。

本菌对外界环境的抵抗力与败血支原体相似，对 39℃以上温度敏感，低温下可保存数年。一般常用消毒药均可将其杀死。

2. 流行病学

病鸡和隐性感染鸡是本病的传染源。当病鸡与健康鸡接触时，病原体通过飞沫或尘埃经呼吸道吸入而传染。此外，同一鸡舍中，病原体通过污染的器具、饲料、饮水等方式也能使本病由一个群传至另一个鸡群。但经蛋传染常是此病代代相传的主要原因，在感染公鸡的精液中，也发现有病原体存在，因此配种也可能发生传染。

本病一年四季均可发生，但以寒冬及早春最严重，一般本病在鸡群中传播较缓慢，但在新发病的鸡群中传播较快。一般发病率高，死亡率低。根据所处的环境因素不同。病的严重程度及病死率差异很大，一般死亡率 10% ~ 30%，本病在鸡群中断续发生，时而加重，时而减轻，当鸡群同时受到其他病原微生物和寄生虫侵袭及能使鸡抵抗力降低的多种因素作用时，如气雾免疫、卫生不良、拥挤、营养不良、气候突变及寒冷时，均可促使本病的暴发和复发，加剧病的严重性并使死亡率增高。反之，当气候稳定暖和，并采取各种措施以增强鸡只的抵抗力，如通风良好及补充维生素 A 等，可降低其发病率，改善病程经过，减少死亡。

3. 临床特点与表现

（1）临床特征。

①慢性呼吸道型：一般人工感染的潜伏期为 4 ~ 21 天，自然感染的难以确定，可能更长。主要呈慢性经过，病程 1 ~ 4 个月，有不少病例可呈轻型经过。典型症状主要发生于幼龄鸡中，若无

并发症，发病初期，则为鼻腔及其邻近的黏膜发炎，病鸡出现浆液、浆液—黏液性鼻漏，打喷嚏，窦炎，结膜炎及气囊炎。中期炎症由鼻腔蔓延到支气管，病鸡表现为咳嗽，有明显的湿性啰音。

到了后期，炎症进一步发展到眶下窦等处时，由于该处蓄积的渗出物引起眼睑肿胀，向外突出如肿瘤，视觉减退，以至失明。

在上述炎症的影响下病鸡新陈代谢受到干扰和破坏，导致食欲减退，鸡体因缺乏营养而消瘦，雏鸡生长缓慢，产蛋量大大下降，一般为10%～40%，种蛋的孵化率降低10%～20%，弱雏增加10%。

②滑膜炎型：一般接触感染后的潜伏期通常是11～21天。鸡发病初期的症状是冠色苍白，病鸡步态改变，表现轻微八字步，羽毛无光蓬松，好离群，发育不良，贫血，缩头闭眼。常见含有大量尿酸或尿酸盐的绿色排泄物。由于病情发展，病鸡表现明显八字步，跛行，喜卧，羽毛逆立，发育不良，生长迟缓，冠下塌，有些病例的冠是蓝白色的。关节周围常有肿胀可达鸽卵大，常有胸部的水泡，跗关节及足掌是主要感染部位。但有些鸡偶见全身性感染而无明显关节肿胀。病鸡表现不安，脱水和消瘦。至发病后期，由于久病而关节变形，久卧不起，甚至不能行走，无法采食，极度消瘦，虽然病已趋严重但病鸡仍可继续饮水和吃食。上述急性症状之后继以缓慢的恢复，但滑膜炎可持续5年之久。经呼吸道感染的鸡在4～6周时可表现轻度的啰音或者是无症状。跛行是最明显的症状，呼吸道症状不常见。

（2）病理变化。

①慢性呼吸道疾病：病鸡的呼吸道、窦腔、气管和支气管发生卡他性炎症，渗出液增多。气囊壁增厚，不透明，囊内常有干酪样分泌物。在气囊疾病严重病例，可见纤维素性肝周炎和心包

炎同大量的气囊炎一道发生。

②传染性滑膜炎：病初，病鸡的腱鞘和关节的滑膜囊内有黏稠、灰色至黄色的分泌物。肝、脾肿大；肾常肿大、苍白色，呈斑驳状。随着病情的发展，关节和腱鞘内的分泌物呈浓缩状（干酪样渗出物），同时，关节面可能被染成黄色或橙黄色。

4. 诊断

（1）鸡败血支原体病。对鸡群感染败血支原体的监测，通常采用以下几种方法。

①全血凝集反应：这是目前国内外用于诊断该病的简易方法，在20~25℃室温下进行，先滴2滴染色抗原于白瓷板或玻板上，再用针刺破翅下静脉，吸1滴新鲜血液滴入抗原中，轻轻搅拌，充分混合，将玻板轻轻左右摇动，在1~2分钟判断结果。在液滴中出现蓝紫色凝块者可判为阳性；仅在液滴边缘部分出现蓝紫色带，或超过2分钟仅在边缘部分出现颗粒状物时可判定为疑似；经过2分钟，液滴无变化者为阴性。

②血清凝集反应：本法用于测定血清中的抗体凝集效价。首先用磷酸盐缓冲盐水将血清进行二倍系列稀释，然后取1滴抗原与1滴稀释血清混合，在1~2分钟判定结果。能使抗原凝集的血清最高稀释倍数为血清的凝集效价。

平板凝集反应的优点是快速、经济、敏感性高，感染禽可早在感染后7~10天就表现阳性反应。其缺点是特异性低，容易出现假阳性反应，为了减少假阳性反应的出现，实验时一定要用无污染、未冻结过的新鲜血清。

③血凝抑制试验：本法用于检测血清中的抗体效价或诊断本病病原。测定抗体效价的具体操作与新城疫血凝抑制试验方法基本相同。反应使用的抗原是将幼龄的培养物离心，将沉淀细胞用少量磷酸盐缓冲盐水悬浮并与等体积的甘油混合，分装后于-70℃保存。使用时首先测定其对红细胞的凝集价，然后在血

凝抑制试验中使用4个血凝单位，一般血凝抑制价在1：80以上判为阳性。诊断本病病原时可先测其血凝结，然后用已知效价的抗体对其做凝集抑制试验，如果两者相符或相差1~2个滴度即可判定该病原体为本支原体。此方法特异性高，但敏感性低于平板凝集试验，一般鸡感染3周以后才能被检出阳性。

④琼脂扩散试验：用兔制备抗支原体的特异性抗血清，主要用于各种禽支原体的血清分型，也可用于检测鸡和火鸡血清中的特异性抗体。

⑤酶联免疫吸附试验：本试验具有很高的特异性，而且敏感性比血凝抑制试验高许多倍。其抗体在感染后约与血凝抑制试验相同时间测得，其缺点是容易出现假阳性反应，这个问题可以通过使用改进的抗原制剂来消除。

（2）滑膜囊支原体病。检测鸡群血清抗体最常用的方法是血清平板凝集试验和琼脂扩散试验，受感染的鸡一般需要2~4周才能产生抗体，所以第一次血清学检查阴性，不能得出结论，还需要间隔数日再做几次重复检查。另外，鸡败血支原体抗原与滑膜囊支原体抗原之间有交叉反应，对此情况可用血凝抑制试验进一步确认，因两者在此反应中无交叉反应。用血清学检测本病感染情况时，需要注意的是平板凝集试验常会出现非特异性凝集反应，尤其是注射过油乳剂疫苗的鸡，有这种情况发生时，需要用琼脂扩散或血凝抑制试验证实反应的特异性。

（3）鉴别诊断。

①与传染性鼻炎的鉴别：鸡传染性鼻炎的发病日龄及面部肿胀、流鼻液、流泪等症状与慢性呼吸道相似，但通常无明显的气囊病变及呼吸啰音。鸡传染性鼻炎与支原体病不仅症状相似，容易误诊，而且常混合感染，不过，链霉素、强力霉素对这两种病都有良好疗效，不能做出可靠鉴别诊断时，宜选用这些药物。

②与传染性支气管炎的鉴别：鸡传染性支气管炎表现鸡群急

性发病，输卵管有特征性病变，成年鸡产蛋量大幅度下降并出现严重畸形蛋，各种抗菌药物均无直接疗效，这些均可区别于慢性呼吸道病。但鸡传染性支气管炎和慢性呼吸道病互相诱发，易造成混合感染，选用万克宁配合双黄连口服液滴嘴效果较好，既能抗病毒，又能防止继发感染，控制输卵管炎症。对鸡传染性支气管炎选用药时不宜选用磺胺类药物。因为这类药物不仅会进一步影响产蛋量，而且对支原体病无效。

③与传染性喉气管炎的鉴别：鸡传染性喉气管炎表现为全群鸡急性发病，严重呼吸困难，咳出带血的黏液，很快出现死亡，各种抗菌药物均无直接疗效，这些可与支原体病相区别。

④与鸡新城疫的鉴别：鸡新城疫病表现全群鸡急性发病，症状明显，但消化道严重出血，并且出现神经症状，鸡新城疫病可诱发支原体病，而且其严重病症会掩盖支原体病，往往是鸡新城疫症状消失后，支原体病的症状才逐渐显示出来。

5. 防治

（1）预防。本病可以通过鸡蛋传染，因此，孵化用的种蛋必须严格控制，尽量减少种蛋带菌，一种方法是在母鸡产蛋前和产蛋期间，肌肉注射符否素200毫克，每个月注射一次，同时，在饲料中加土霉素，这样可以减少母鸡产蛋的带菌率，第二种方法是，种蛋在孵化之前，先在0.4%~1%红霉素溶液中浸洗15~20分钟，抗生素吸收入蛋内杀死支原体，能够减少带菌苗。也有介绍在种蛋孵化7~11天期间，从气室中注入泰乐菌素2毫克，也可杀死病菌。第三种方法是，种蛋加热处理，种蛋在45℃下加热处理14小时，可杀灭蛋中存在的病菌。第四种方法是，在幼雏出壳之后，应用链霉素（每只雏鸡以500单位计算）喷雾，每日2次，连用3天，或是用链霉素滴鼻（每只雏鸡200单位），以控制该病。雏鸡到2~4月龄定期做凝集试验检疫，彻底淘汰阳性鸡，逐步建立无病鸡群。供制造疫苗用的鸡蛋，必须来自无支原体病的鸡群，严防在制苗过程中带进支原体而散播疫病。国内已试制成功鸡败血支原体甲醛灭活苗，据报道用气雾法免疫2次，保护率可达90%。

（2）治疗。下列药物对本病有效，但首选宜采用泰乐菌素、红霉素及恩诺沙星。

泰乐菌素：0.1%；红霉素：0.013%～0.025%；恩诺沙星：饮水75毫克/升（前3天），50毫克/升（后3天）。北里霉素：0.033%～0.05%；金霉素、四环素、土霉素：250克/吨饲料；强力霉素：0.01%～0.02%。上述药物均可用于饮水，但是用量减半。

第二章　肉鸡的寄生虫病

第一节　原虫病

一、肉鸡球虫病

　　肉鸡球虫病是现代集约化养鸡场最常见、最为多发、危害严重以及防治困难的一种全球性原虫病，肉鸡球虫病不仅造成肉鸡死亡，还导致肉鸡生成速度变慢，饲料报酬降低，增加药物投入，给养殖户或养殖场带来巨大的经济损失。该病分布很广，多危害 15～50 日龄的雏鸡，发病率高达 50%～70%，死亡率 20%～30%，严重者高达 80%。病愈的鸡生长发育受阻，增重缓慢，成年鸡多为带虫者，对养鸡业危害极大。随着规模化、标准化程度的不断增强，球虫用药的日渐广泛，本病的发病覆盖面，强度和控制难度均在增强。

　　1. 病原

　　全世界报道的鸡球虫种类有 13 种之多，我国已发现 9 种，分别为柔嫩艾美耳球虫、毒害艾美耳球虫、堆形艾美耳球虫、早熟艾美耳球虫、巨型艾美耳球虫、哈氏艾美耳球虫、变位艾美耳球虫、布氏艾美耳球虫和缓艾美耳球虫。各种球虫的致病性不同，以柔嫩艾美耳球虫的致病性最强，其次为毒害艾美耳球虫，但生产中多是一个种类以上球虫的混合感染。柔嫩艾美耳球虫和毒害艾美耳球虫两种球虫的致病力较强，在养殖户或养殖场较常见，可导致肉鸡高发病率和高死亡率，严重影响肉鸡养殖业的发展。球虫卵囊的抵抗力较强，在外界环境中球虫卵囊不易被一般的消毒剂杀死。

2. 流行特点

所有日龄和品种的鸡对鸡球虫都有易感性，但是其免疫力发展很快，并能限制再感染。鸡球虫病一般暴发于 3~6 周龄的鸡，2 周龄以内的鸡群很少感染。病鸡和带虫鸡是该病的主要传染源，被粪便污染的饲料、饮水、垫料、土壤和用具等都有大量的卵囊存在，易感鸡采食后就会引发球虫病。另外，人及其衣服、用具等以及某些昆虫都可能成为机械传播者。饲养管理条件不良、鸡舍潮湿、拥挤、卫生条件恶劣时，最易发病，在潮湿多雨、气温较高的梅雨季更易暴发球虫病。球虫虫卵的抵抗力较强，在外界环境中一般的消毒剂不易使其破坏，在土壤中可存活 4~9 个月。卵囊对高温和干燥的抵抗力较弱。

病鸡是主要传染源。病鸡排出的粪便中含有大量的卵囊，排出的卵囊在一定的温度、湿度等条件下形成孢子化卵囊，孢子化卵囊再通过污染的饲料、饮水、垫料、土壤、用具、人员所穿的衣服鞋子等传播肉鸡球虫；其次，苍蝇、甲虫、鼠类等也可成为肉鸡球虫传播流行的媒介。在集约化养鸡场一年四季均可发生肉鸡球虫病，在饲养管理条件较差的养殖场易暴发肉鸡球虫病，导致高发病率和高死亡率，给养殖户或养殖场造成巨大的经济损失。鸡食入孢子化卵囊而受感染。阴雨绵绵、闷热潮湿的季节特别适合球虫卵囊的发育。因此，在雨季到来之前一定要注意预防本病的发生。即使不处在温暖潮湿的季节，若是鸡舍内过温、过潮，在一定程度上也能助长本病的发生，所以，鸡舍内的温湿控制，尤其是湿度的控制至关重要。

调查表明，凡是养过鸡的鸡场几乎 100% 经历过球虫病的发生。数据显示：至少有 70% 以上的鸡场有感染球虫的历史，有

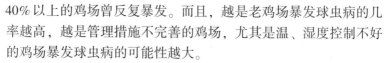

40%以上的鸡场曾反复暴发。而且，越是老鸡场暴发球虫病的几率越高，越是管理措施不完善的鸡场，尤其是温、湿度控制不好的鸡场暴发球虫病的可能性越大。

3. 临床表现

病鸡全身衰弱和精神萎靡，喜欢扎堆，翅膀下垂，羽毛松乱，闭目昏睡。常下痢，排出含血甚至全血的稀粪。食欲缺乏，消瘦，但嗉囊常见积食。鸡冠、肉髯苍白贫血，病末期常出现昏迷、翅轻瘫、两脚外翻、痉挛等神经症状。多数病鸡于发病后6～10天死亡。雏鸡的死亡率达50%以上，严重时可达100%，少数康复，但生长受到严重影响。青年鸡常发生慢性小肠球虫病，是由毒害艾美耳球虫感染所引起的。病程经过缓慢，在一个鸡群里，常只见少数病鸡有症状表现。冠髯苍白、贫血，食欲逐渐消失，进行性消瘦，羽毛松乱和污秽，不喜活动，两脚无力，有时瘫痪不能站立，直至衰竭死亡。

病鸡最突出的表现就是排稀便。病鸡精神呆滞，缩头闭眼打盹，采食减少，在病初，病鸡排泄的鸡粪含有未消化的饲料，随着疾病的发展病鸡排泄的粪便呈咖啡色、胡萝卜样、酱色，甚至病鸡排出的粪便变为完全的鲜血，有的病鸡嗉囊积液，鸡冠、眼结膜等苍白，两脚麻痹。病鸡或病死鸡常表现为明显的消瘦，口腔黏膜、眼结膜等处黏膜苍白，主要病理变化在肠道。小肠变粗、肠壁增厚，肠腔内常有豆渣样坏死物质和血性肠内容物，小肠黏膜呈粉红色，有很多粟粒大的出血点和灰白色坏死灶；盲肠常表现为显著肿大，可为正常盲肠的3～5倍，盲肠外观常呈红色，肠腔内充满暗红色的血液或血凝块，肠黏膜脱落。

4. 临床诊断

根据流行病学、临床症状及病理变化可以进行初步诊断；确诊可刮取肠黏膜涂片查到裂殖体、裂殖子或配子体，或取鸡粪查到球虫卵囊。

5. 预防控制

（1）加强人员、车辆管理。养殖小区首先要管理好养殖小区内部的人员，包括管理人员、饲养员等不得随意互相串门、互用生产用具，避免他们通过所穿的鞋子、工作服、使用的工具等将垫料、鸡粪中的球虫卵囊由一个肉鸡养殖大棚带到其他的肉鸡养殖大棚，同时，也要求每一个管理人员及饲养人员进出养殖场时一定要更换鞋子、衣服等，避免将场外的球虫卵囊带入本养殖场或将本养殖场内的球虫卵囊带出到场外污染养殖小区。在管理好养殖小区内部人员的同时，更要严格控制外来人员（尤其鸡贩子、饲料推销商、兽药推销商以及兽医人员）到养殖场内参观学习、推销饲料、兽药等活动，若确需进入养殖小区内的人员则应更换鞋子、衣服等。严格禁止车辆随意进出养殖小区，若确需进出养殖小区的车辆，应加强对进出车辆的清洗、消毒，以防将鸡球虫卵囊带入或带出养殖小区。

（2）加强鸡舍环境管理。控制肉鸡饲养密度和鸡舍的温湿度、保持舍内舍外清洁卫生以及尽量避免各种应激反应，及时通风换气防止鸡舍内氨气、二氧化碳、硫化氢等有害气体浓度过高，建议养殖小区进行肉鸡网上养殖，避免肉鸡与鸡粪、垫料等长期直接接触，提供肉鸡一个良好的生长环境，提高肉鸡机体免疫力和增强抗病能力，减少或杜绝肉鸡球虫病在养殖场内流行。为了杜绝乱扔乱抛病死鸡、垫料等污染环境，建议在养殖小区建立无害化处理设施如沼气发酵池、化尸池，对鸡粪、垫料、病死鸡等进行无害化处理，防止鸡粪、垫料等污染水源、饲料。

（3）提供肉鸡优质全价的饲料。饲料中的抗营养因子（如抗胰蛋白酶等）、真菌毒素等易与肠壁黏膜结合以及饲料中维生素 A 缺乏，破坏肠壁结构，导致肠壁的损伤，饲料中电解质平衡失调，使排泄的粪便湿度增加，都可使球虫病的发生率提高；饲料中维生素 K 缺乏，使血液凝固机制受损，容易遭受球虫病的侵袭；限制饲养时，鸡由于饥饿，啄食垫料，感染的机会增加，也会提高发病率。优质全价的饲料能提高肉鸡机体对球虫病的抵抗能力，蛋白质、维生素、无机盐等饲料组分在控制球虫病上具有重要意义，饲喂粗砂粒、颗粒饲料及粗纤维饲料也会降低球虫发病率。

（4）实施分群饲养与全进全出制度。因为成年肉鸡常表现为隐性感染鸡球虫，但可通过粪便不断向外界环境排出球虫卵囊，污染水源、垫料等，增加了幼鸡感染球虫病的几率，成年肉鸡与肉雏鸡应分开饲养；由于不同日龄的肉雏鸡对鸡球虫的易感性也存在差异，若养殖场饲养不同日龄的肉雏鸡也要严禁混养。我们建议在养殖小区应实行统一管理、统一购进鸡苗、统一销售成品肉鸡、对鸡舍统一进行清扫、粪便及垫料等统一进行无害化处理，实行全进全出制度可以切断传染源。

（5）药物防控。目前，用于预治肉鸡球虫病的抗球虫药物主要有3类：第一类是聚醚类离子载体抗生素，如盐霉素；第二类是化学合成药，如地克珠利、磺胺类；第三类是中草药制剂，如常山等。由于肉鸡球虫很容易产生耐药性，因此，在预防或治疗鸡球虫病时，选择球虫药时应根据养殖小区鸡球虫病的实际情况有计划地更换球虫药，不可在整个肉鸡养殖过程中只用一种抗球虫药，应进行穿梭给药，避免或减缓鸡球虫产生耐药性，提高抗球虫药物疗效，降低球虫病造成的危害。另外，在选择抗球虫药时，不要盲目追求新药；不要只看药物的商品名称，更重要的是看药物中的成分、含量等；不要盲目追求价格较贵的抗球虫药，在生产过程中经常遇到使用价格高的抗球虫药物进行预防或治疗肉鸡球虫病，并没有取得预期的防治效果，增加了生产成本，降低了生产效益。在使用抗球虫药防治肉鸡球虫病时，建议使用适当的抗菌药物控制消化道疾病继发感染，在饲料中添加维生素 A、维生素 D、维生素 K 等维生素，饮水中加入口服补液盐等物质，通过添加维生素、电解质等物质补充鸡群的营养、增强鸡群的体质，减少鸡群的死亡，促进鸡群早日康复，提高鸡群的生产性能，不断提高养殖场或养殖户的积极性。

二、隐孢子虫病

隐孢子虫病是由隐孢子虫寄生于禽类的胃肠道、呼吸道、法氏囊等黏膜上皮细胞及血管内膜等处而引起的疾病。其主要病理特征为肠道黏膜炎症，法氏囊上皮细胞增生，肝脏和心肌变性，肺脏的出血性间质性肺炎。

1. 病原

隐孢子虫属隐孢科、隐孢属。目前，已知寄生于禽类的隐孢子虫有两种，即引起火鸡、鸡、鹌鹑肠道感染的火鸡隐孢子虫以及引起鸡、鸭、鹅、火鸡、鹌鹑法氏囊和呼吸道感染的贝氏隐孢子虫。

人工感染试验证明，火鸡隐孢子虫可感染鸡、火鸡和鹌鹑。寄生部位为十二指肠、空肠和回肠，它可引起家禽的腹泻。隐孢子虫不在细胞内发育，而是在宿主黏膜上皮细胞表面的微绒毛区发育，进行孢子化，随粪便刚排出的卵囊就具有感染性，这是区别于其他肠道球虫之处。隐孢子虫是由卵囊或卵囊污染物经消化道或呼吸道感染，虫体在宿主体内经裂体增殖，形成第一代裂殖体，内含8个裂殖子，然后进行有性的配子生殖，即形成大小配子体，受精后形成合子，合子再进行孢子生殖形成卵囊。其厚壁卵囊对环境有一定的抵抗力，并能随粪便排出体外，正是这种卵囊可引起疾病的感染；而薄壁卵囊常可引起"自体感染"，使内生性发育重新开始，以致即使摄入少量的卵囊也能引起严重的感染。

隐孢子虫卵囊和其他球虫一样对外界环境有很强的抵抗力，并对多种消毒药剂如碘酊、煤酚皂液、次氯酸钠、氢氧化钠和醛基消毒药都有很强的抵抗力。但5%氨水、5%次氯酸钠、10%甲醛溶液、3%过氧化氢、氯或单氯胺和二氧化氯可杀死卵囊，水中存在有机物和蛋白质时，消毒剂浓度要求更高。实验室模拟不同水处理方法清除卵囊的实验表明，常规的自来水过滤、明矾和氯化铁沉淀以及氯、单氯胺、二氧化氯、漂白粉或臭氧消毒，均不能全部清除和杀灭水中的卵囊，高于常规浓度的二氧化氯或臭氧有效。污水处理活性污泥系统可清除74%～84%的卵囊，其后的沙滤可清除87%～94%的卵囊，饮水沙滤法只能清除91%。保存在重铬酸钾溶液中的卵囊可维持活力4个月。在实验条件下，对湿热较敏感，45～55℃，15～20分钟即可灭活。巴氏消毒法消毒牛奶有效。0℃以下或65℃以上温度中30分钟可失去感染性。

2. 流行特点

隐孢子虫可自然感染11周龄以下的鸡。实验感染小鸡发现，感染的敏感性在年龄和显明期长短呈现负相关。隐孢子虫感染一年四季均可发生，以温暖潮湿季节多见。该病为散发性发生，也可爆发于与患禽接触过的人群中。隐孢子虫卵囊污染水源是国际间旅行者感染的主要因素之一，几次暴发病例与井水污染、表面水和游泳池池水污染有关。

卵囊可通过消化道、呼吸道和眼结膜感染。通过口服途径感染卵囊，小火鸡可在回肠、盲肠、结肠、泄殖腔和法氏囊上发生感染。通过气管内接种卵囊可扩大感染到呼吸道，它包含鼻咽、喉，气管，支气管及气囊。放卵囊在结膜上可导致结膜、黏液囊和泄殖腔感染。

3. 临床表现与特征

家禽隐孢子虫病，以鸡、火鸡和鹌鹑的发病最为严重。主要是由贝氏隐孢子虫引起的。潜伏期为3～5天。排卵囊时间为4～24天不等。其主要症状为呼吸困难、咳嗽、打喷嚏、有啰音。在气管、鼻窦、鼻腔中有过量的黏液，在气囊中有液体。病禽饮、食欲锐减或废绝，体重减轻和发生死亡。在隐性感染时，虫体多局限于泄殖腔和法氏囊。由于火鸡隐孢子虫寄生于肠道，其主要症状为腹泻，故不引起呼吸道症状。

隐孢子虫可寄生在各组织器官的上皮细胞表面，即可感染单一器官，也可多个器官同时被感染，引发相应的病理变化。

肠道黏膜发生炎症，固有层和黏膜下层结缔组织增生，使局部黏膜呈柱状、独峰状或菜花状隆起，绒毛逐渐增粗，肠腺结构模糊、萎缩或消失。黏膜下层的毛细血管和微血管出现透明血栓。肌层可见肌间水肿、肌束萎缩及肌纤维断裂，个别的肌纤维可见蜡样坏死。黏膜下层和浆膜层的小动脉内膜可发现虫体。腺胃乳头明显萎缩，常缩至细线状，以后乳头上皮坏死脱落，被结缔组织所代替。管状腺开口的上皮细胞逐渐肥厚，后来出现坏死和脱落，并见炎性细胞浸润和结缔组织增生。

法氏囊内有液体蓄积，伴发轻度出血。镜检，法氏囊黏膜上皮细胞呈局灶性乃至弥漫性增生和不同程度的异染性细胞浸润。据游忠明（1998）的报道，感染后 4 天，有少量虫体寄生，髓质可见网状细胞、淋巴细胞坏死，其核固缩甚至碎裂，坏死细胞周围出现透明区，髓质细胞排列疏松，部分细胞水泡样变性，远离黏膜面的淋巴滤泡皮质嗜酸性细胞浸润。感染后 7 天，法氏囊肿胀，被膜分离，较多虫体寄生于黏膜上皮，淋巴滤泡增多，一个皱褶中最多可达 50 多个，髓质中仍有淋巴细胞坏死；皮质细胞增多，淋巴滤泡及黏膜固有层有嗜酸性细胞浸润，黏膜上皮细胞肿胀、扁平化、排列零乱，甚至脱落。感染后 12 天，大量虫体寄生于黏膜上皮，黏膜固有层大量嗜酸性细胞浸润，部分黏膜脱落，脱落的细胞碎片及大量虫体存在于法氏囊腔，黏膜固有层增厚，淋巴滤泡明显萎缩，间质增生。感染后 30 天，淋巴滤泡皮质显著变薄，髓质淋巴细胞显著减少，呈稀疏的网状结构。总之，法氏囊的组织学变化前期以细胞坏死为主，后期以间质增生、淋巴滤泡萎缩、淋巴细胞减少为主。

肝脏发生淤血和实质变性。镜检，肝细胞颗粒变性、脂肪变性，伴发淤血、出血和坏死，汇管区见胆管黏膜上皮细胞增生、脱落，小胆管新生，其外周有较多的淋巴细胞浸润，刨旦管黏膜上皮细胞表面和叶间动脉内膜、外膜及管壁可检出虫体，内皮细胞增生、变形，向血管内腔隆起。小静脉常见透明血栓。

心肌纤维出现颗粒变性、萎缩甚至局部断裂，心外膜下偶见炎性细胞浸润，在肌间小动脉的内膜和管壁上可发现虫体。

气管黏膜上皮细胞增生、变厚，胞浆疏松呈网状，细胞间界模糊。黏膜局部上皮细胞剥脱、坏死。黏膜上皮细胞的增生与剥脱，使气管黏膜隆起与下陷交替，如古城墙状。固有层内有淋巴细胞和异嗜白细胞灶状浸润。肺脏呈现支气管肺炎或出血性间质性肺炎。镜检，肺泡内异嗜白细胞浸润，肺泡和呼吸毛细管上皮细胞显著增生、坏死、剥脱充填于支气管管腔，同时淋巴细胞大量浸润形成一个肺小叶中央为剥脱、坏死的上皮细胞，外周为淋巴细胞浸润的特殊结构，或者多个病变肺小叶融合在一起完全由淋巴细胞和少量异嗜白细胞置代。小动脉壁增厚或纤维素样坏死。在鼻腔、气管和支气管黏膜上皮细胞以及肺泡上皮细胞和小动脉均可发现虫体。

脾脏早期表现为淋巴细胞大面积增多，并形成典型的淋巴小结及动脉周围淋巴鞘，后期脾脏淋巴组织逐渐减少，即抑制脾脏的发育。

胸腺初期皮质变薄，并有坏死细胞，髓质比例增大，其中有数量不等的髓质细胞水泡样变性，同时胸腺小体增多。中期髓质比例显著增大，淋巴细胞减少，皮质呈岛屿状分布，本应属于皮质的区域出现坏死和空洞样变化、间质增生、淋巴细胞或网状细胞退化，退化的细胞构成球状结构，内含嗜酸性物质，部分呈同心圆状排列。感染后期，皮质与髓质界线不清，髓质淋巴细胞增多。

眼结膜上皮呈局限性增生，眼睑皮肤生发层细胞增生、坏死及炎性细胞浸润，并可检出虫体。

睾丸和卵巢的生殖上皮增生，伴有淋巴细胞浸润。在睾丸的精索内动脉、白膜动脉及间质动脉，卵巢的卵巢动脉、白膜动脉及基质动脉均可检出虫体。

据周继勇等（1993）对雏鸭隐孢子虫病的超微病理组织学观察显示：

气管和法氏囊黏膜扫描电镜观察：虫体嵌于上皮细胞纤毛和微绒毛之间，位于宿主细胞形成的带虫空泡内，有的因裂殖子溢出而呈空泡状的带虫空泡，裂殖体内由 8 个香蕉形钓裂殖子构成；上皮细胞表面纤毛和微绒毛断裂、缺失。

气管、肺和法氏囊黏膜透射电镜观察：3 个组织表面都可见发育阶段的滋养体、裂殖体和配子体。虫体寄生处上皮细胞微绒毛断裂、溶解、消失；上皮细胞单位膜形成一连续的包围虫体的囊膜，位于囊膜内的虫体与上皮细胞通过粘附带连接。上皮细胞结构的变化表现为初期胞浆内线粒体和内质网数目增多，以后出现线粒体肿胀、破裂、粗面内质网脱粒、扩张、破裂；细胞核核膜溶解，染色质逸出，严重者细胞结构被破坏，形成高电子密度的无结构体。

4. 临床诊断

隐孢子虫感染多呈隐性经过，感染者往往是带虫者，可以只向外界排出卵囊，而不表现任何临诊症状。对于一些发病的动物来说，即使有明显的症状，也常常是属于非特异性的，只能作为诊断的参考指标，而不能用于确诊。另外，由于动物（特别是禽类）在发病时常伴有许多条件性病原体的感染，因此，确切的诊断只能依靠实验室手段观察虫体，或采用免疫学技术检测隐孢子虫抗原或抗体的方法。有时还需采用实验动物接种法来做进一步的确诊。

5. 治疗

（1）化学合成药物治疗。隐孢子虫病的治疗是一个世界性的难题，迄今已试用过200余种化学合成药物（包括抗球虫药和其他抗原虫药、广谱抗生素和抗蠕虫药）治疗人和各种动物的隐孢子虫病，多数均无疗效。只有少数的氨基糖甙类、大环内酯类和离子载体类药物及卤夫酮和硝唑尼特等认为有一定的抗虫活性。近年来报道的药物主要有螺旋霉素、阿奇霉素、巴龙霉素、硝唑尼特、叠氮胸苷、拉沙里菌素、西尼霉素、乳酸卤夫酮、托三嗪、地克珠利、新霉素、马杜拉霉素、胸腺调节素、微管解聚药、脱氢雄甾酮、大蒜素、苦参合剂、驱隐汤等。上述诸药的疗效均呈剂量依赖性，必须应用大剂量方能有预防或治疗作用。虽能减少或清除肠道内隐孢子虫，不能清除胆道内隐孢子虫，停药后容易复发，且尚有它们对隐孢子虫无效的报道。有的药物目前仅限于动物试验阶段，尚未见用于治疗人隐孢子虫病的报道。

（2）免疫治疗。鉴于隐孢子虫感染及其发病特点与免疫功能关系密切，因而许多学者探讨采用免疫方法治疗本病。已研究的免疫制剂和疗法包括免疫乳汁、免疫血清、单克隆抗体、高效抗反转录病毒疗法（HAART）、免疫胆汁、牛转移因子（BTF）、CD_4^+细胞和γ-干扰素、透析白细胞提取液和免疫调节剂等。

（3）中草药治疗。中药大蒜素、苦参合剂和驱隐汤据试验也认为效果不错，但还没有做过双盲试验。

（4）止泻剂。隐孢子虫感染有严重水泻者，应当止泻。临床应用的抑制肠动力的药物有苯乙哌啶、吗啡、普鲁卡因。生长激素抑制素具有减少肠道分泌、增加水和电解质吸收的作用。奥曲肽是18碳的8个氨基酸环状结构的生长激素抑制素类似物，并且还具有抑制肠动力的作用。这两种药物均用于治疗分泌性腹泻。

6. 预防

预防的方法基本为保持环境卫生和用氨化合物消毒。金属育雏器，饲槽，饮水器直接暴露在阳光下 3 天，冲洗干净凝固在地板围舍上的排泄物，圈舍方可应用。这样维持环境卫生的方法可应用于小农场和宠物鸟。对患禽粪便要彻底消毒，如使用福尔马林和氨水等能使隐孢子虫卵囊的感染力消除，加热 65℃以上 30 分钟或冷至 -70℃，也可使其感染力消失。对污染物应焚烧处理。

三、组织滴虫病

组织滴虫病又名盲肠肝炎或黑头病，是由火鸡组织滴虫寄生于禽类盲肠和肝脏引起的一种急性原虫病。其特征性病理变化是盲肠溃疡和肝脏发生特异性坏死性炎症。鸡对本病较火鸡的易感性稍差，病情较轻，其他禽类如野鸡、珠鸡、鹌鹑、鹧鸪等也可发生。

Smith 于 1895 年首次描述了组织滴虫病，Tyzzer 于 1961 年第一个观察到这种寄生虫有鞭毛和伪足。组织滴虫病的发病学在 1964—1974 年间得到进一步的阐明。组织滴虫病发生于任何适合鸟类生存的地方。一般来说，有利于组织滴虫和各种蚯蚓共同存在的地区，本病流行更为普遍。该病在我国的黑龙江、吉林、辽宁、江苏、安徽、内蒙古自治区及世界各地均有分布。虽然此病对养禽业确切的经济意义难于确定，但由于火鸡死亡每年造成的经济损失可超过 200 万美元。因发病造成的减产和化学药物治疗的费用也大大增加了经济负担。虽然组织滴虫病对鸡的危害并不太严重，但因频频发病和受感染的鸡只数目之多，所造成的对经济损失估计大于火鸡。

1. 病原

火鸡组织滴虫最初是以火鸡阿米巴原虫的名字来描述的，但在具有鞭毛的特征发现后，Tyzzer才把这种原虫重新命名为火鸡组织滴虫。火鸡组织滴虫为多型性虫体，随寄生部位和发育阶段不同，形态变化很大。在组织细胞中的虫体是单个或成簇存在的，呈圆形、卵圆形或变形虫样，大小为4～21微米，无鞭毛。在肠腔和培养物中的虫体为变形虫样，大小为5～30微米，虫体细胞外质透明，内质呈颗粒状并含有吞噬细菌、淀粉颗粒等的空泡，核呈泡状，有1～2根鞭毛，该虫体能作有规律性的钟摆运动。电镜下观察，虫体前后贯穿一根轴柱，有一个近于圆形的核，核前面是一个倒"V"形的副基体，其上连有一根副基丝，前方有一楯状物。

火鸡组织滴虫以二分裂方式繁殖。寄生于盲肠内的组织滴虫，被盲肠内寄生的异刺线虫吞食，进入其卵巢中，转入其虫卵内；当异刺线虫排卵时，组织滴虫即存在卵中，并受卵壳的保护。当异刺线虫卵被鸡吞入时，孵出幼虫，组织滴虫亦随幼虫走出，侵袭鸡只。

2. 流行特点

宿主的品种、年龄和肠道菌对组织滴虫的致病力有很大的影响，虽然感染可发生在所有的鸡形目中的禽类和鸟类，但火鸡最敏感，大多数受感染的火鸡不施行治疗最终难免死亡。鸡易感，但常表现温和的疾病经过，不同品种的鸡对本病的敏感性存在着差异，AA肉鸡感染后发病率高，本地土鸡发病率很低。4～6周龄的鸡和3～12周龄的火鸡对本病最敏感。AA肉鸡在实验性条件下以2～4周龄敏感。成年鸡感染时，多为隐性经过，能较长时间地携带和传播病原。此外，蚯蚓吞食土壤中含有组织滴虫的异刺线虫卵，可使其在蚯蚓体内长期生存。离开宿主的组织滴虫，在没有异刺线虫卵和蚯蚓作保护时，在数分钟内即可死亡，在野生群体中，雉和北美鹑类可充当保虫宿主，节肢动物中的蝇、蚱蜢、土鳖和蟋蟀都可作为机械性媒介。

本病的发生无明显季节性，但在温暖潮湿的夏季发生较多。常发生在卫生和管理条件不良的鸡场，鸡群过分拥挤，鸡舍和运动场不清洁，通风和光照不足，饲料缺乏营养，尤其是缺乏维生素 A，都是诱发和加重本病流行的重要因素。

本病通过消化道而感染。患禽粪便中可含有上述两型虫体，可污染饲料、饮水、土壤及用具，健康禽啄食或饮水时即可感染，但此病原体对外界环境的抵抗力不强，不能在外界长期存活；当患有本病的病禽同时有鸡异刺线虫寄生时，寄生于盲肠内的组织滴虫可进入鸡异刺线虫体内，并侵入其卵内，随禽粪排出体外。在鸡异刺线虫卵内的组织滴虫，由于得到虫卵的保护，故能生存较长时间，成为本病的重要传染源。

3. 临床表现与特征

本病的潜伏期为 7～12 天，最短为 5 天。主要临床表现为病鸡精神不振，食欲减少以至废绝，羽毛粗乱，翅膀下垂，身体蜷缩，怕冷嗜睡，下痢，排淡黄色或淡绿色的恶臭粪便，严重时粪便带血色，甚至排血便。末期，有的病鸡因血液循环障碍，鸡冠或面部皮肤变成紫蓝色或黑色，临死前常出现长时间的痉挛。

病火鸡血液红细胞和血红蛋白下降，而白细胞和淋巴细胞随病程的发展而显著增加，血糖、血清总蛋白、血清白蛋白、血清总脂、血清胆固醇含量显著下降，这被人们认为是火鸡组织滴虫病的敏感指标。鸡在感染后 10～15 天各项指标与火鸡相似，但15 天以后各项指标均逐渐恢复。

本病的特征性病变是盲肠溃疡和肝脏发生特异性坏死性炎症。

在感染后盲肠最先出现病变。肠壁呈一侧性或双侧性肿胀。在感染后第 8 天，盲肠黏膜充血、出血、水肿，肠壁增厚，盲肠腔内充满浆液渗出和出血。最急性病例，盲肠仅表现严重的出血性炎症，肠腔内充满大量血液，随后有大量纤维素，肠腔内渗出物发生干酪化，并逐渐干燥形成充满肠腔的干酪样物质，并且盲肠炎症加剧，黏膜坏死，出现深浅不一的溃疡，肠壁增厚明显，有的见局部浆膜发生炎症。本病的典型病变为盲肠呈一侧或两侧不规则肿大、盲肠壁增厚、失去弹性、内容物固化，形似香肠。肠腔内充满一种干燥坚实、干酪样的凝固栓子，栓子横切面呈同心层状，中心是黑红色凝血块，外层是灰白色或淡黄色的渗出物和坏死物。盲肠黏膜表面被覆着干酪样坏死物，可见出血、坏死或溃疡。盲肠黏膜发生炎症时，常可使盲肠与腹壁或小肠发生粘连，偶尔可发生肠壁穿孔，引起腹膜炎。如果病鸡痊愈，这种栓子物可随粪便排出。

4. 诊断

（1）生前。幼禽易发。头面部皮肤呈紫蓝色或黑色，排淡黄色、淡绿色粪便或血便。

取新鲜盲肠内容物，用温生理盐水（37～40℃）稀释作悬滴标本镜检，可发现呈钟摆状来回运动的虫体。

（2）死后。肝表面有中央稍凹陷的坏死灶，或有小坏死灶组成的大片斑驳样病灶区。盲肠为一侧或两侧出血性坏死性炎症，病变部的盲肠变硬、肿大，腔内堵塞干硬的干酪样栓子，镜检肝和盲肠坏死区附近有组织滴虫。

（3）鉴别诊断。本病与鸡球虫病有相似之处。组织滴虫病的主要症状为头面部皮肤呈紫蓝色或黑色，粪便稀而呈淡黄、呈淡绿色或呈血样，特症病变为特异性坏死性肝炎、出血性坏死性盲肠炎。而鸡球虫病主要症状是消瘦、贫血（冠和肉髯苍白）、血便，特症病变是出血性坏死性肠炎，肝脏无明显病变。此外，病原检查，组织滴虫病盲肠内容物镜检可见到活动的组织滴虫，而鸡球虫病盲肠内容物抹片镜检，可见到不同发育阶段的球虫卵囊。

5. 治疗

对鸡组织滴虫病可选用下列药物进行治疗：

痢特灵：按每千克体重400毫克比例混入饲料内，连续喂服7～10天。

灭滴灵：按每千克体重250毫克比例混入饲料内，每日3次，连用5天。

6. 预防

由于鸡异刺线虫在传播组织滴虫中起重要作用，因此，有效地预防措施在于减少和杀灭异刺线虫虫卵。阳光照射和排水良好的鸡场可缩短虫卵的活力，因而利用阳光照射和干燥可最大限度地杀灭异虫线虫虫卵。雏鸡应饲养在清洁而干燥的鸡舍内，与成年鸡分开饲养，以避免感染本病。另外，应对成年鸡进行定期驱虫。鸡与火鸡一定要分开饲养。

四、鸡住白细胞虫病

住白细胞虫病又称白冠病，是由住白细胞虫侵害禽类血液和内脏的组织细胞而引起的一种原虫病，主要病变特点为内脏器官和肌肉组织广泛性出血及形成灰白色裂殖体结节。该病最初由Mathis 和 Legar 于 1909 年在越南北部发现。1980 年张泽纪在广州地区通过分离出安氏住白细胞虫病原证实了该病在中国内地的存在。它以降低产蛋量，影响增重以及较高的发病率和死亡率给养鸡业带来重大的经济损失。

1. 病原

住白细胞虫属于疟原虫科、住白细胞属的原虫。本属原虫有60 多种，在我国已发现的住白细胞虫有卡氏住白细胞虫和沙氏住白细胞虫，其中以卡氏住白细胞虫为多见，国外报道有安氏住白细胞虫、西氏住白细胞虫及史氏住白细胞虫等。

卡氏住白细胞虫其形态分为裂殖体、配子体和子孢子。成熟的子孢子感染至鸡体内，子孢子在鸡的肝脏血管内皮细胞和肝实质细胞内增殖，形成裂殖体至第 14～15 天裂殖体破裂，释放出成熟的球形裂殖子。这些裂殖子可以再次进入肝实质细胞形成肝裂殖体，成熟后虫体可达 45 微米，也可被巨噬细胞吞噬发育为巨型裂殖体，其大小为 400 微米，或进入红细胞、白细胞开始配子生殖。肝裂殖体和巨型裂殖体可重复 2～3 代。

沙氏住白细胞虫成熟的配子体为长形，宿主细胞呈纺锤形，宿主的胞核被虫体挤向一侧或挤向虫体的两侧而呈半月状，围绕着虫体的一侧。被寄生的白细胞两端有梭形突起，远端如丝，大配子体的大小为 22 微米 ×6.5 微米，呈深蓝色，色素颗粒密集，褐红色的核仁明显。小配子体的大小为 20 微米 ×6 微米，呈蓝色，色素颗粒稀疏，核仁不明显。

我国住白细胞虫病的病原主要为卡氏住白细胞虫和沙氏住白细胞虫。该病在我国广东、福建、上海、四川、山东、山西、辽宁、北京、河北等省市都有发生，特别是南方地区发病较为普遍，如四川的乐山、邓峡、重庆等地常常呈大规模暴发。目前，我国包括台湾在内的 20 个省市先后报道本病。

各种住白虫的生活史基本相同，住白细胞虫的生活史需中间宿主和终末宿主。家禽和鸟类为中间宿主，蠓、蚋等昆虫为终末宿主。发育过程包括裂殖生殖、配子生殖、孢子生殖 3 个阶段：第一阶段及第二阶段的大部分在鸡体内完成（25 天），第二阶段的一部分及第三阶段在库蠓体内完成（2～7 天）。库蠓在吸血时，将唾液腺中的子孢子注入鸡体内，随血流到全身各脏器的血管内皮细胞内寄生，经发育而变为第一代裂殖体。这些裂殖体在感染后第 3～6 天可以从组织切片中找到。裂殖体成熟后，释放出裂殖子，并进入新的内皮细胞发育为第二代裂殖体。至此，裂殖生殖阶段完成。第二代裂殖体成熟后释放出的裂殖子有了性的变化，开始进入配子生殖阶段，其一部分在血细胞内形成雄性配子体，另一部分则形成雌性配子体，当库蠓吸血时，雌、雄配子体进入库蠓体内，并迅速发育成雌、雄配子，然后雌、雄配子体结合形成合子，开始了孢子生殖阶段的发育，最后形成卵囊，成熟的卵囊内含有大量的子孢子，并聚集于库蠓的唾液腺中，在库蠓再吸血时，子孢子进入鸡体内而使鸡受感染，从此又开始新的生活周期。

2. 流行特点

不同品种和性别的鸡均有易感性，但本地鸡和乡村鸡对本病有一定的抵抗力，死亡率也较低；散养鸡的感染率高于舍养鸡；平养鸡的感染率高于笼养鸡；鸡的年龄与住白细胞虫的感染率呈正比例，而和发病率却呈反比。一般仔鸡（2～4月龄）和中鸡（5～7月龄）的感染率和发病率均较高，而8～12月龄的成年鸡或一年以上的种鸡，虽感染率高，但发病率不高，血液里的虫体也较大，大多数为带虫者。土种鸡对住白细胞虫病的抵抗力较强。

卡氏住白细胞虫的流行季节与库蠓的活动密切相关。库蠓的发育必须经过卵、幼虫、蛹和成虫4个阶段，在一年中因生活条件不同可繁殖2～5代。一般在气温20℃以上时，库蠓繁殖快，活动力强，该病的流行也严重。本病在日本多发于5～11月，我国广东、台湾多发于4～10月，严重发病见于4～6月，发病的高峰季节在5月。贵州为6～9月，而华中、华东地区则为6～11月。河南郑州、开封地区多发生于6～8月。在热带亚热带地区（如海南岛）全年均有发生。沙氏住白细胞虫的流行季节与蚋的活动密切相关，本病常发生在福建地区的5～7月及9月下旬至10月。

病鸡及带虫鸡常为本病感染源。本病主要为水平传播。而疾病的发生和流行与气候、地理位置、季节及传播媒介（蠓、蚋）

的活动密切相关。热带、亚热带地区，地势低洼地区。夏秋季节，蠓、蚋大量繁殖，大大增加了家禽感染住白细胞虫的机会。蠓和蚋在活动季节，每日有清晨和傍晚两次活动高峰。而鸡住白细胞原虫在鸡外周血液中具有昼夜周期性出没的规律，该规律恰与媒介的活动和吸血规律相关，有利于更多的配子体在媒介和鸡之间交流、繁殖，导致本病的广泛传播。

3. 临床表现与特征

该病主要侵害幼禽，且症状明显。轻者病鸡生前呈现鸡冠苍白，食欲减退，甚至厌食、乏力，嗜眠，肌肉运动失调，行走困难，倒地，喘气，眼眶周围发黄发绿，倒提病鸡时可从口腔流出淡绿色涎水，一般病症持续3天后可因出血而死亡。严重的病例可因咯血、呼吸困难而突然死亡。死前口流鲜血是最具有特征性的症状。耐过者由于血液中可带虫达数月，并出现精神不振，气管有湿性水泡音和咳嗽等症状，受逆境时个别死亡。公鸡对配偶兴趣不大。患鸡的红细胞、血红蛋白、白细胞等的总数减少，嗜酸性白细胞显著增多，单核细胞减少。

成年鸡感染本病后，因虫体侵入红细胞内寄生而引起贫血，临床上可见鸡冠苍白，拉水样白色或灰绿色稀粪等症状。

主要病变特点为内脏器官和肌肉组织广泛性出血及形成灰白色裂殖体结节。

病理剖检可见口流鲜血或口腔内积存血液凝块，鸡冠苍白，血液稀薄，全身性出血，尤其是肾、肺、肝、肌肉（胸肌和腿肌），有明显的出血斑或出血点。有时肾包膜下有大片的血块，以至大部分甚至整个肾脏被血块覆盖，肾脏苍白明显。此外，心脏、脾、胰、胸腺、肠胃、肌肉和肠道等器官都见有出血和积血。肝、脾变大2~3倍，有灰黄色坏死点。脑部脑膜和实质有点状充出血。肌肉和内脏器官有白色小结节，尤其是胸肌、腿肌、心肌最常见，结节与周围组织界限明显，镜检见小结节是裂殖体在肌肉内繁殖形成的聚集点。采取静脉血液或心血涂片以姬氏染色后可发现裂殖子和各期的配子体。

4. 临床诊断

一般是根据流行病学、临诊症状及剖检变化做出初步诊断，再从病鸡的血液涂片、脏器触片或肌肉结节压片中找出病原体进行确诊，对于本病的快速诊断可采用血清学方法。

鉴别诊断：临床上许多疾病均表现血液稀薄，全身性内脏出血如鸡新城疫、禽霍乱霉菌病和磺胺药物中毒等。在该病的诊断中应与之相区别。鸡新城疫：口腔内多流出黏稠性黏液，极少流出血液，其病理特点是在腺胃和肌胃交界处常见出血带。禽霍乱：其除具有全身出血变化外，凸出之处表现为肝脏肿大明显，并密布针尖大至粟粒大的黄白色坏死灶，镜检可发现两极着染的椭圆形菌体。曲霉菌病：可在气囊和气管表面见有霉斑，病灶涂片可见有曲霉菌。磺胺药物中毒：也表现为全身性出血，但其脾脏肿大，有出血性梗死和灰色结节区，心肌发生"漆刷"状出血，镜检无虫体。

5. 防制

发生本病以后，可采用下列药物治疗。

①复方泰灭净：0.01%拌料，连喂3天；②Ektecin液：以0.002%~0.006%饮水，连用8天；③磺胺喹恶啉：0.01%连喂1周；④磺胺二甲氧嘧啶：0.4%~0.5%拌料，配以维生素A、维生素K进行治疗，用3~5天；⑤盐霉素：0.01%拌料，连喂7天，蛋鸡禁用；⑥复方敌菌净：0.1%拌料，连喂7~10天；⑦氨丙啉：0.025%拌料，连用5天；⑧克球粉：0.025%拌料，连用5天；⑨痢特灵：0.004%~0.006%拌料，连喂5天；⑩乙胺嘧啶：0.0025%~0.003%拌料，连喂1周；⑪痢特灵：0.004%与磺胺二甲氧嘧啶0.004%分别饮水和拌料，连喂7天。

6. 预防

鉴于本病的发生具有明显的季节性，集中发生于库蠓和蚋活动猖獗之时，因此，应于每年 4~10 月做好本病的防范工作，目前，主要采取灭蠓、蚋和药物防治等措施。但近年来在本病的免疫预防和抗病育种方面也进行了许多有益的探索。

（1）药物预防。目前，认为在库蠓活动季节经饲料或饮水给药，是预防本病最有效的方法。

（2）防止库蠓进入鸡舍。①鸡舍建筑应在高燥、向阳、通风的地方，远离垃圾场、污水沟、荒草坡等库蠓滋生、繁殖的场所。②在流行季节，鸡舍的门、窗、风机口、通风口等要用 100 目以上的纱布封起来，以防库蠓进入鸡舍。③库蠓出现的季节，鸡舍周围堆放艾叶、蒿枝、烟杆等闷烟，以使库蠓不能栖息。

（3）灭蠓。库蠓的栖息场所是农田、水沟等处，栖息范围广，故疫源地尚难消灭；其次库蠓较小，体长 1~3 毫米，容易通过防虫网，制止成虫侵入鸡舍尚难做到。由于成虫在白天或吸血前后有在鸡舍的柱上、墙壁表面、墙缝等处静止休息的习性，所以可在这些场所定期喷洒低毒性杀虫剂。常用杀虫剂有拟除虫菊酯类、氯苯甲酸酯及有机磷类，使用浓度为 0.01%~0.05%，此外，对鸡舍内外的粪便、污水、杂草或灌木丛也要及时清除干净。

（4）及时淘汰病鸡。住白细胞虫需要在鸡体组织中以裂殖体的形式越冬，故可在冬季对当年患病鸡群予以彻底淘汰，以免来年再次发病，扩散病原。

（5）免疫预防。有人研究发现，卡氏住白细胞虫感染鸡后 7~13 天，取脾脏匀浆给鸡接种，再采用一定数量的住白细胞虫子孢子攻击，结果发现有部分鸡只可不受感染。说明病鸡脾脏匀浆有一定的免疫原性，可激发机体产生特异性免疫保护力。

第二节 蠕虫病

一、鸡蛔虫病

鸡蛔虫病是由鸡蛔虫寄生于禽类如鸡、珠鸡、火鸡、鸭、雉鸡、鹧鸪等小肠所引起的线虫病。特征性病变为小肠黏膜上皮缺损、出血或出现溃疡，呈现以嗜酸性白细胞为主的炎症反应和肉芽肿的形成，肠壁可形成粟粒大结节。

1. 病原

鸡蛔虫属于禽蛔科、禽蛔属。鸡蛔虫为鸡体内最大的寄生虫，头端有 3 片唇。雄虫长 26.0 ~ 76.0 毫米，尾端有一个圆形或椭圆形并围以角质环的肛前吸盘，交合刺一对等长。雌虫长 65.0 ~ 110 毫米，阴门位于虫体中部。虫卵呈椭圆形，壳厚而光滑，深灰色，大小为 7 092 微米 × 4 757 微米。新排出的虫卵含一个未分裂的卵胚细胞。

鸡蛔虫生活史简单，属直接发育型。雌虫在小肠内产卵，卵随粪便排出体外，在有氧及适宜的温度和湿度下，经 17 ~ 18 天卵内形成幼虫，即感染性虫卵，此卵内含有第 2 期幼虫；此虫卵随着食物和饮水被鸡吞食，幼虫在腺胃和肌胃内破壳而出，进入十二指肠停留 9 天，在此期间进行第二次蜕皮，变为第 3 期幼虫；第 10 天开始移行到肠绒毛深处，并钻进肠黏膜内发育，进行第 3 次蜕皮，变为第 4 期幼虫，并引起出血；第 17 ~ 18 天时幼虫重返肠腔，进行第 4 次蜕皮，变为第 5 期幼虫，直接生长发育为成虫。从感染开始到发育为成虫所需时间为 35 ~ 58 天。

虫卵对外界环境因素和常用消毒药物抵抗力强，感染性虫卵在土壤内可保持 6 个月的生活力，但对干燥与高温（50℃）甚敏感，特别在阳光直射、沸水处理和粪便堆沤等情况下，可使之迅速死亡。虫卵在19~39℃和90%~100%相对湿度时，易发育至感染期，相对湿度低于60%时，不易发育。在20℃时发育到感染期需17~18天，25℃时需9天，30℃时需7天，35~39℃时需5天，45℃时虫卵在5分钟内死亡。在严寒季节，经3个月冻结，虫卵仍不死亡。3~4月龄的雏鸡易于感染，病情也较重。雏鸡体内只要有4~5条、幼鸡体内只要有15~25条成虫寄生即可发病。超过5~6月龄的鸡抵抗力较强，一岁以上的鸡为带虫者。饲养条件与易感性有密切关系。饲料中动物性蛋白含量多，营养价值完全时，可使鸡有较强的抵抗力；如动物性蛋白不足，或饲料配合过于单纯，饲料利用率不高时，可使鸡的抵抗力降低；含有足够维生素A和维生素B的饲料，亦可使鸡具有较强抵抗力，特别是维生素A与本病关系尤为密切。据试验，当雏鸡获得正常量维生素A时，每只雏鸡平均有蛔虫11条，虫体平均长度有6毫米；没有获得足够量维生素A时，每只雏鸡平均有蛔虫50条，虫体平均长度为49毫米。获得正常量维生素B_1的雏鸡，每只平均有4条蛔虫；未获得正常量维生素B_1的雏鸡，每只平均有13条蛔虫。试验证明，当雏鸡只获得少量维生素时，其体内的蛔虫数量较正常营养的雏鸡为多，虫体也较大。

2. 致病作用

幼虫发育时在腺胃和肌胃内破壳而出进人肠道，侵入肠黏膜，可损伤肠绒毛，破坏肠腺，使肠黏膜出血和发炎，并易招致病原菌继发感染；成虫大量聚集于肠道，相互缠结成团，引起肠阻塞，严重时可使肠管破裂，并可出现失血、血糖浓度降低、尿酸盐含量增加、胸腺萎缩、生长受阻、死亡率增高；蛔虫在肠道内寄生，以半消化物质为食，夺去宿主大量营养，尤其是产卵期的雌虫更需吸取更多的营养物，才能促进虫卵的成熟与排出，致使宿主日益瘦弱，降低宿主机体的抗病能力；蛔虫在寄生生活中所产生的代谢产物和体液，对患禽机体呈现慢性中毒，使雏鸡发育迟缓，母鸡产蛋量下降。鸡蛔虫还可通过与其他疾病如球虫病和支气管炎的相互作用即协同作用产生有害的影响，并能携带、传播禽的呼肠孤病毒。

3. 临床表现与特征

蛔虫病的临床症状明显与否与家禽年龄、体质及感染强度不同而有密切关系。一般幼雏受害严重、症状明显，成年鸡受害较轻，往往不呈症状而成为带虫者，成为该病的感染源。雏鸡常表现为生长发育不良，精神萎靡，行动迟缓，常呆立不动，翅膀下垂，羽毛松乱，鸡冠苍白，黏膜贫血。消化机能障碍，食欲减退，下痢和便秘交替，有时稀粪中混有带血黏液，以后渐趋衰弱而死亡。重度感染的成年鸡仅表现为下痢，产蛋量下降和贫血等。

小肠黏膜有虫体所致的损伤，黏膜上皮缺损、出血或出现溃疡。肠黏膜发生卡他性炎症，有时呈现纤维蛋白性或出血性炎症。由于全身性中毒现象波及全身各个系统，以至整个消化道均呈明显病理现象，表现为肠黏膜下或浆膜下淤血水肿，有嗜酸性白细胞、淋巴细胞、多核巨细胞浸润，黏膜上皮发生黏液变性。移行中的幼虫钻入黏膜，可形成结节，呈粟粒大、微红色，内含幼虫，长约1.0毫米，引起肠黏膜炎症、水肿、充血、出血等。在肝、肺、淋巴结、肾脏等处有时可发现迷路的幼虫及其所形成的寄生性结节、钙化灶及结缔组织增生现象。重症病例有时发生肠管堵塞现象，肠壁菲薄，黏膜萎缩、淤血，严重者可引起肠破裂、腹膜炎等。

4. 临床诊断

流行病学资料和症状可作参考，饱和盐水漂浮法检查粪便发现大量虫卵，或尸体剖检在小肠，有时在腺胃和肌胃内发现有大量虫体可确诊。

5. 治疗

对禽线虫病进行全群驱虫。我国目前尚无禽类驱虫药物使用的严格规定，但在选择药物时应避免引起病禽的中毒，或因使用药物而造成禽类产品的药物残留。

驱蛔灵（枸橼酸哌嗪）：以 1% 水溶液任其饮用，或以每千克体重 200 毫克混入饲料。

磷酸左咪唑：以每千克体重 20～25 毫克一次性口服。

噻苯唑：以每千克体重 500 毫克一次性口服。

丙硫苯咪唑：以每千克体重 10～20 毫克一次性口服。

潮霉素 B：按 0.00088%～0.00132% 混入饲料。

6. 预防

现代化养禽场，特别是肉鸡的封闭式饲养方式与蛋鸡的笼养方式，禽蛔虫的感染种类和数量已大为减少，它对养禽业已不构成重要的威胁。但在广大农村，采用旧式的平养方式的养禽场，禽蛔虫和其他寄生虫的感染仍相当严重，因此，必须加以预防。

对于禽蛔虫病，较好的控制措施在于搞好环境卫生，严格执行清洁卫生制度，及时清除粪便并堆集发酵；处理土壤主垫料以杀死虫卵是行之有效的。另外应将幼禽和成年禽分开饲养。在禽蛔虫病流行的养禽场，应实施预防性驱虫，每年 2～3 次；发现病禽，及时用药治疗。

二、毛细线虫病

鸡毛细线虫病是由毛首科、毛细线虫属的线虫寄生于鸡消化道所引起的一种寄生虫病，以食欲缺乏，精神萎靡，消瘦，肠卡他性或伪膜性炎症为特征。

1. 病原

禽毛细线虫包括毛首科毛细线虫属的多种线虫。这些虫体细小，呈毛发状，其体前部短于或等于体后部，且稍细。前部为食道部，为一串单细胞重叠构成，后部为体部，内含肠管和生殖器官。雄虫后端卷曲，有一根交合刺和一个交合刺鞘，有的无交合刺，只有刺鞘。雌虫后端钝直，肛门开口于末端，阴门位于前后部连接处。虫卵呈椭圆形桶状，两端呈瓶口状，具有卵塞，内含未发育的卵胚。

毛细线虫的寄生部位较为严格，可以根据其寄生部位对虫种作出初步判断，常见的有：

有轮毛细线虫：前端有一膨大的角皮。雄虫长 15 ~ 25 毫米，雌虫长 25 ~ 60 毫米，虫卵大小为（55 ~ 60）微米 ×（26 ~ 28）微米。主要寄生于鸡的嗉囊和食道黏膜。

鸽毛细线虫：雄虫长 8.6 ~ 10 毫米，尾部两侧有铲状的交合伞。雌虫长 10 ~ 12 毫米，虫卵大小为（48 ~ 53）微米 × 24 微米。主要寄生于鸡的小肠黏膜。

膨尾毛细线虫：雄虫长 9 ~ 14 毫米，食道部约占虫体的一半，尾端有一膨大的类圆形伞膜，膜中左右各有 1 个弯曲肋支持，交合刺一根，交合刺鞘的近端部生有细小的小刺。雌虫长 14 ~ 26 毫米，食道部约占虫体的 1/3，阴门开口于一个稍膨隆的突起上，并由发达的角膜覆盖。虫卵大小为（49 ~ 56）微米 ×（24 ~ 28）微米，壳厚，有细的刻纹。主要寄生于鸡的小肠黏膜。

有伞毛细线虫：雄虫长 11 ~ 20 毫米，交合刺一根，鞘上无刺，交合伞圆形。雌虫长 16 ~ 35 毫米，阴门有两个半圆形瓣，虫卵大小为（51 ~ 62）微米 ×（22 ~ 24）微米，卵上有细的纵脊。主要寄生于鸡的小肠黏膜。

捻转毛细线虫：雄虫长 8 ~ 17 毫米，尾端有 2 个侧背隆起，交合刺鞘上布满细发样小刺。雌虫长 15 ~ 60 毫米，阴门部稍呈圆形隆起，虫卵大小为（44 ~ 46）微米 ×（22 ~ 29）微米。主要寄生于鸡的食道和嗉囊，有时在口腔黏膜内。

毛细线虫的生活史有直接型和间接型两种。鸽毛细线虫和捻转毛细线虫属直接发育型,终末宿主吞食了感染性虫卵后,幼虫进入十二指肠黏膜发育,在感染后的 20～26 天肠腔内可见到成虫,其寿命为 9 个月。有伞毛细线虫、有轮毛细线虫和膨尾毛细线虫需要蚯蚓如异唇蚓、赤子爱胜蚯蚓作为中间宿主,性成熟雌虫产卵随宿主粪便排出体外,落于土壤中,被蚯蚓吞食,在温度 16℃经 3 周或在 22～27℃经 11～17 天,发育为感染性虫卵,卵内幼虫为 2 期幼虫。含有该虫卵的蚯蚓被禽啄食,幼虫释出侵入特定部位,如有轮毛细线虫的幼虫在嗉囊和食道内钻入黏膜,经 19～26 天发育为成虫,鸽毛细线虫的幼虫在小肠中钻入黏膜,经 22～28 天发育为成虫,有伞毛细线虫则经 20～26 天发育为成虫。

本病在我国主要发生于北京、甘肃、河北、陕西、江苏、湖南、福建、广西、台湾等地。英国、美洲也有发生。

2. 临床表现与特征

这些线虫在寄生部位掘穴,造成机械性和化学性的刺激,患禽表现食欲缺乏,精神萎靡,贫血,消瘦,头下垂,间隙性下痢,常做吞咽动作。严重感染时,生长停止,雏禽和成年禽均可发生死亡。鸽感染时,由于嗉囊膨大,压迫迷走神经,可引起呼吸困难、运动失调和麻痹而死亡。

虫体轻度感染时,嗉囊和食道壁只有轻微的炎症和增厚,严重感染时,则增厚与发炎显著,并有黏液脓性分泌物和黏膜的溶解、脱落或坏死,绒毛缩短及固有层发炎等病变,食道和嗉囊壁出血,棘细胞层肥厚及出现轻度至重度的炎症,黏膜中有大量虫体,在寄生部位有不明显的虫道,该区可发生严重坏死。肠道脱落、坏死的黏膜与分泌物最后形成伪膜,覆盖于黏膜上。组织学观察,嗉囊、食道黏膜开始阶段为带有淋巴细胞浸润的充血,接着形成黄白色结节,出现淋巴细胞和其他细胞的明显浸润,黏膜出现坏死过程，淋巴滤泡明显增大。

3. 临床诊断

线虫病的诊断较为简单，可根据以下两个方面进行综合判断。

剖检病禽，以发现虫体和相应的病变。

粪便检查，以发现大量虫卵。

4. 防制

哈乐松：每千克体重25～50毫克，可驱除全部毛细线虫。

噻苯唑：以0.1%混入饲料，或每千克体重1克给予。

左咪唑：每千克体重25毫克混入饲料。

甲苯咪唑：按每千克体重20～30毫克，一次内服。

甲氧啶：按每千克体重200毫克，用灭菌蒸馏水配成10%溶液，皮下注射。

搞好环境卫生；勤清除粪便并作发酵处理；消灭禽舍中的蚯蚓；对禽群定期进行预防性驱虫。

三、鸡绦虫病

鸡绦虫病是由多种绦虫寄生于小肠前段（十二指肠）引起的，雏鸡感染后可引起大批死亡，成年鸡感染后，呈现营养不良、贫血、消瘦、下痢、中毒、产蛋率降低或停产等症状。其病理变化为肠黏膜肥厚，肠壁呈结节样病变。

1. 病原

我国常见的家禽绦虫主要有戴文科的赖利属、戴文属和卡杜属，膜壳科的膜壳属、剑带属和皱褶属，囊宫科的漏斗带属、变带属等属的绦虫。

四角赖利绦虫寄生于鸡的小肠后段，虫体大小为25厘米×0.1～0.4厘米，为体型最大的一种。顶突上具有90～100个小钩，排成一圈，顶突常缩在其后的吻囊内。4个吸盘呈长椭圆形，上有 8~10 圈小棘，呈斜状排列，但有时脱落。睾丸 20~40 个。卵巢分小叶排成扇形。孕节内有卵袋 50~100 个，每个卵袋含虫卵 6~12 个。虫卵直径 25~50 微米。

棘沟赖利绦虫寄生于鸡的小肠，虫体大小为 25 厘米×1~4 厘米。顶突上具有 200 个小钩，排成两圈，吸盘呈圆形，上有 8~14 列小棘，其约比四角赖利绦虫的小棘大 2 倍。睾丸 28~45 个。卵巢形状同上。孕节中有 55~147 个卵袋，每一卵袋含虫卵 6~12 个。虫卵直径 25~50 微米。

有轮赖利绦虫寄生于鸡的小肠。虫体大小为 4.0~11.8 厘米，头节大，具有一个轮盘状顶突，突出于前端，上有 400~500 个小钩，排成两圈。吸盘较小，与顶突比为 1：3，吸盘无棘。睾丸 15~30 个，每个孕节有 70~80 个卵袋，每一卵袋只含 1 个虫卵。虫卵大小为 34~42 微米。

节片戴文绦虫寄生于鸡的十二指肠弯曲部。虫体大小为 (0.5~3) 毫米×（0.15~0.18）毫米，仅由 4~9 个节片组成。头节小，顶突上有 60~95 个小钩，排成两圈。吸盘上有 6~9 列小棘。睾丸 12~15 个。虫卵单个散在于孕节实质内，直径为 28~40 微米。

双性孔卡杜绦虫寄生于鸡的小肠内。虫体大小为（166~192）毫米×5.94 毫米。所有节片宽大于长。每个节片内含有两组生殖器官。顶突上有 2 列 300 个小钩，吸盘无小棘。睾丸 136~163 个。卵巢与卵黄腺呈瓣状，子宫早期在成熟节片中上半部，呈树枝状分枝，孕节子宫扩张至整个片，分枝呈网状甚至融合成囊状，内含许多卵袋，每个卵袋只含 1 个虫卵。

鸡有钩绦虫虫体大小为 0.5~1.5 厘米，约有节片 300 个，顶突上有 10 个单列大钩。吸盘无棘。睾丸 3 个，卵巢分叶多，呈扇形。卵黄腺由多个短叶组成。初期子宫呈分枝的横管，成熟子宫为袋状并分瓣。

线样膜壳绦虫寄生于十二指肠，主要见于鸡，故又称鸡膜壳绦虫。虫体大小为30~60毫米，细似棉线，头节细小，吸盘发达，顶突退化无钩。睾丸3个，呈三角形排列。卵巢位于节片中央，呈囊袋状，卵黄腺在其正后方，呈长条状，少数有分叶。虫卵大小为（59.8~68.4）微米×（49.3~54.8）微米。

分枝膜壳绦虫寄生于家禽十二指肠黏膜。虫体大小为5~15毫米×0.6毫米，所有节片宽大于长。头节呈锥形，顶突细长，有10个小钩。吸盘无棘，颈节不明显。睾丸3个、粗大呈卵圆形，成直线横列于节片中后部。卵巢分两叶，卵黄腺呈长卵圆形，位于卵巢中央后面，孕节的子宫呈袋状，内含多个虫卵。虫卵大小为（48~60）微米×（32~45）微米。

楔形变带绦虫寄生于家禽的小肠。虫体大小为（1.013~3.30）毫米×1.793毫米，共有13~21个节片，整个虫体呈长楔形。顶突呈圆锥形，上有12~24个小钩。睾丸11~21个，横列于节片后缘，子宫呈囊状而稍分叶，卵巢分两叶位于节片中央。虫卵大小为（42.2~45.8）微米×（37.0~40.5）微米。

小睾变带绦虫寄生于鸡小肠。虫体大小为1.9~3.3毫米×1.25毫米，节片共20~40个。虫体外观呈锥形。头节前端呈钝圆形，顶突可伸缩，呈圆锥形，上有12个小钩。睾丸较少，有5~9个，分布于节片后缘，呈横列。雄茎囊粗大，弯曲如茄子。卵巢呈长囊状的两瓣，每瓣外周有盲状突起，位于睾丸上方。卵黄腺呈椭圆形的块状。子宫呈横管状，位于节片前缘，孕节子宫扩张呈横囊状。虫卵大小为27微米×43微米。

禽绦虫的发育过程基本相似，不同之处在于其所需中间宿主有所差异。有轮赖利绦虫是最常见的绦虫之一，故以其为例说明禽绦虫的发育过程。

鸡有轮赖利绦虫的中间宿主Ackert（1918）首先报道为家蝇此后陆续证明有10个科100余种甲虫，特别是步行虫科可作为中间宿主。1985年苏新专、林宇光证明了赤拟谷盗为我国有轮赖利绦虫的中间宿主。孕节或虫卵随粪便排入外界，被中间宿主吞食，其发育一般要经历六钩蚴期、原腔期、囊腔期、头节形成期、似囊尾蚴期等五期。禽类吞食了含有似囊尾蚴的中间宿主，中间宿主在消化道内被消化，似囊尾蚴逸出，头节外翻，用吸盘和顶突固着于小肠壁上，颈节不断产生节片，发育为成熟的绦虫。

2. 流行特点

该病主要流行因素为中间宿主种类较为广泛，提供了有利的传播条件；病禽排孕节持续周期长，排出的孕节能蠕动于粪便表面，虫卵有较高的生活力，生活史周期较短，在适宜的季节（27℃），从虫卵感染到似囊尾蚴发育成熟，再感染家禽到成虫再排卵，前后不过1个多月，这些有利因素是本病流行的主要条件。

家禽的绦虫病分布十分广泛，危害面广且大。感染多发生在中间宿主活跃的4~9月。各种年龄的家禽均可感染，但以雏禽的易感性更强，25~40日龄的雏禽发病率和死亡率最高，成年禽多为带虫者。饲养管理条件差、营养不良的禽群，本病易发生和流行。

患禽及带虫禽均可作为该病的感染源，以消化道感染。

3. 临床表现与特征

病鸡羽毛蓬乱、精神沉郁，不喜运动，久之出现贫血，高度衰弱和渐进性麻痹而死亡。轻度感染则发育受阻，产蛋率降低或停产。鸭鹅严重感染时，还出现突然倒向一侧，行走不稳，有时伸颈、张口、摇头，然后仰卧，两脚作划水状等神经症状。

病禽贫血黄疸，小肠内可发现虫体。肠黏膜肥厚，肠腔内有多量黏液，恶臭，黏膜黄染。肠壁呈结节样病变，结节中央有粟粒大的凹陷，其内有虫体或黄褐色干酪样栓塞物。陈旧病变时于浆膜面可见疣状结节。

4. 临床诊断

在粪便中可找到白色米粒样的孕卵节片，在夏季气温高时，可见节片向粪便周围蠕动，取此类孕节镜检，可发现大量虫卵。对部分重病鸡可作剖检诊断。

5. 防制

驱虫可用下列药物。

丙硫咪唑：每千克体重 20～30 毫克，一次内服。

硫双二氯酚：每千克体重 150～200 毫克，内服，隔 4 天同剂量再服一次。

氯硝柳胺（灭滴灵）：每千克体重 100～150 毫克，一次内服。

对鸡群进行定期驱虫，及时清除鸡粪并作无害化处理；雏鸡应放入清洁的鸡舍和运动场上，新购入的鸡应驱虫后再合群；鸡舍内外应定期杀灭昆虫。

四、吸虫病

吸虫为扁叶状蠕虫，属于扁形动物门，吸虫纲。有消化系统，不分节。吸虫需软体动物类做中间宿主，许多种类还需要第二个中间宿主，中间宿主的数目和种类因虫而异。成虫几乎可侵入禽类所有的体腔和组织。

1. 病原

吸虫成虫呈扁平的卵圆形，体表有小棘。虫体大小在 0.3～75 毫米。一般为淡红色、棕色或乳白色。通常有两个肌质杯状吸盘：一个为口吸盘，环绕口孔；另一个为腹吸盘，位于虫体腹部。腹吸盘的位置前后不定或缺失。生殖孔通常位于腹吸盘的前缘或后缘处。排泄孔在虫体的末端，无肛门。排泄管的排列方式是吸虫的分类特征。感染鸡的主要有东方次睾吸虫，前殖吸虫，棘口吸虫等。发育过程经过虫卵、毛蚴、胞蚴、雷蚴、尾蚴、囊蚴和成虫各期。

东方次睾吸虫，主要寄生于鸡的肝脏胆管或胆囊内。在我国黑龙江、吉林、北京、天津、上海、安徽、江苏、浙江、福建、台湾、江西、广东、广西壮族自治区等地均有报道。需要两个中间宿主：第一中间宿主为纹沼螺，第二中间宿主为麦穗鱼、爬虎鱼等。囊蚴主要寄生在鱼的肌肉和皮层。终末宿主吞食含囊蚴的鱼类而感染。感染后 16~21 天粪便中出现虫卵。

棘口吸虫，主要寄生于直肠、盲肠，偶见于小肠。需要两个中间宿主：第一中间宿主为淡水螺，第二中间宿主为淡水螺或蝌蚪。

前殖吸虫，前端较狭窄，后端宽圆，外观呈梨形。寄生在鸡的直肠、输卵管、法氏囊和泄殖腔。成虫在鸡的输卵管或直肠内产卵，虫卵随粪便排出体外，落入水中，被第一中间宿主淡水螺吞食，在其体内孵化为毛蚴，毛蚴最后发育成许多尾蚴，尾蚴离开螺体进入水中。如遇到第二中间宿主蜻蜓幼虫，即钻入其体内发育成囊蚴，留在蜻蜓体内，当鸡啄食了含有囊蚴的蜻蜓，就会发生感染，在鸡消化道内，囊蚴的囊壁被消化，幼虫逸出，并移支到输卵管、腔上囊或直肠中，发育成为成虫。

2. 流行特点

本病在野生禽之间的流行常构成自然疫源，带虫鸡是本病的主要污染源。该病呈地方性流行，在江河湖泊、低洼潮湿、淡水螺孳生、蜻蜓繁殖地区易发生。吸虫的流行有一定季节性，如前殖吸虫，它和蜻蜓出现的季节相一致，5~6 月蜻蜓的幼虫在水旁聚集，爬到水草上变为成虫，在夏秋季节或阴雨过后，家禽捕食蜻蜓时最易感染。

3. 临床特征与表现

东方次睾吸虫，患病动物肝脏肿大，或有坏死结节。胆管增生变粗。胆囊肿大，囊壁增厚，胆汁变质。轻度感染不表现临床症状，严重感染时不仅影响产蛋，而且希望率也较高。患禽精神萎靡，食欲缺乏，羽毛粗乱，两腿无力，消瘦，贫血，下痢，粪便呈水样，多因衰竭而死亡。

棘口吸虫，由于虫体吸盘、头棘和体棘的刺激，肠黏膜被破坏，引起肠炎、肠道出血和下痢。虫体吸收大量营养物质并分泌毒素，是病禽消化机能发生障碍，营养吸收受阻。病禽食欲减退、下痢、消瘦、贫血、发育受阻，严重感染可致死亡。

前殖吸虫，病初无明显症状。病情严重时，食欲缺乏，消瘦，精神委顿，羽毛粗乱，泄殖腔及腹部羽毛脱落，常蹲伏平地作产蛋姿势。有些病鸡体温升高，腹部膨大，有痛感，有的病鸡从泄殖腔排出白灰色粪便，步态不稳，两腿叉开，泄殖腔翻出，充血潮红，严重时全身衰竭而死。未混合感染其他疾病时，死亡率不高。

4. 诊断要点

遇有可疑病鸡，可取泄殖腔排泄物镜检，观察有无虫卵。或剖检病鸡，找到虫体即可确诊。

5. 预防

（1）有计划检查鸡群，根据发病季节进行预防性驱虫，发现病鸡立即隔离、治疗。在蜻蜓出现季节，避免在清晨或傍晚及阴雨天后到池塘、水田处饲放鸡群，防止鸡捕食蜻蜓及幼虫而感染，消灭淡水螺等中间宿主。

（2）鸡的粪便要及时清除并经堆积发酵等处理杀死虫卵，特别是驱虫后的粪便更需进行无害化处理，防止虫卵进入水中，以切断其生活循环。

（3）预防性驱虫可选用低毒、安全的驱虫药。常用伊维菌素预混剂按每千克体重 0.2 毫克，混合在饲料中投喂，连用 5 天。

（4）槟榔煎汁，每千克体重 0.1 ~ 1 克，即将槟榔片 5 克加水 100 毫升，煮沸半小时，约余下 75 毫升，用纱布滤去粗渣，按体重灌注。

6. 治疗

丙硫苯咪唑，一次量，每千克体重 20 ~ 30 毫克，混料喂服。

伊维菌素注射液，皮下注射，一次量，每千克体重 0.2 毫克（以伊维菌素计量）。

阿苯达唑，内服，一次量，每千克体重 15 毫克。

芬苯达唑粉，3 个月驱虫一次，每吨饲料拌入本品 700 克，连喂 7 天。

硫双二氯酚每千克体重 0.1 ~ 0.2 克，混料饲喂。

六氯乙烷每只 0.2 ~ 0.5 克，拌料，每天 1 次，连喂 3 天。

吡喹酮，500 只鸡喂 20 克，早晨 1 次口服。

第三节　蜘蛛昆虫病

一、虱

鸡虱种类很多，已经发现的就有 40 余种，常见的有鸡体虱，鸡羽虱，头虱等。每种鸡虱对宿主和寄生部位均具有一定的特异性，而一种宿主同时有数种鸡虱寄生，在鸡群中也极为普遍。临床上以病鸡表现不安、剧痒、消瘦、高度接触性传播为特征。

1. 病原

鸡虱的体形很小，长 0.5 ~ 10 毫米，体形宽短或柱状，呈淡黄色或灰色，体扁平，无翅，共同特点是分头、胸、腹三部分。头端钝圆，其宽度大于胸部。咀嚼式口器。1 对触角，由 3 ~ 5 节组成，眼退化。胸部分前胸、中胸和后胸，中、后胸常有不同程度愈合，每一胸节上着生 1 对足，足粗短，爪不发达。腹部由

11 节组成，最后节数常变成生殖器。雄性尾端钝圆，雌性则呈分叉状。

鸡虱是鸡体表上的一种寄生虫，全部生活史都离不开鸡的体表。鸡虱所产的卵常集合成块，固着在羽毛的基部，依靠鸡的体温孵化，经过 5~6 天变成幼虱，形态与成虱相似。鸡虱离开宿主只能存活 3~5 天。鸡群过于拥挤，很容易互相感染。此外，该病还可以通过公共的用具和垫草等间接传播，如饲养管理和卫生条件差的禽群，羽虱感染往往比较严重。野鸟也能污染场地而感染禽群。羽虱主要靠直接接触来传播，一年四季均可发生，但冬季较为严重。

2. 临床表现与特征

鸡虱终生不离开宿主，主要是啮食宿主羽毛、绒毛和表皮鳞屑，可引起皮肤发痒和损伤，少量感染危害不大。鸡虱的繁殖很快，能迅速蔓延整个鸡群。鸡虱主要寄生在鸡的肛门下部，严重时可发展到腹部、胸部和翅膀下面。鸡虱以羽毛的羽小枝为食，还可损害表皮，吸食血液，刺激皮肤而引起发痒不安。羽干虱多寄生在羽干上，咬食羽毛和羽枝，致使羽毛脱落；头虱主要寄生在鸡头颈的皮肤上，常造成秃头。

当患鸡身上鸡虱很多时，由于发痒，常啄破鸡肉，使鸡精神不振、睡眠不好、不爱吃食、逐渐消瘦、羽毛脱落、产蛋下降。鸡虱对幼雏危害最重，常使雏鸡生长发育停止，严重时可使雏鸡死亡。秋冬季节，鸡的绒毛较密，体表温度高，鸡虱较易繁殖，因此应注意鸡舍内外的环境卫生。

3. 诊断

根据禽体发痒，经常梳啄羽毛并折断、脱落等症状，检查鸡体的羽毛和皮肤，尤其是检查肛门和翅膀下面，可发现体表羽毛或毛根上发现淡黄色或灰色的羽虱，在羽毛和羽毛基部可见到成簇的卵。

4. 预防

在驱杀鸡虱时，不管用哪种方法，必须同时进行鸡舍及用具的杀虫和消毒。

（1）保持环境卫生。鸡舍要经常保持清洁、干燥、通风、透光，定期消毒杀虫，保持适宜的饲养密度，防止麻雀等野鸟进入鸡舍。

（2）做到隔离治疗。发现病鸡应立即隔离治疗，以防止本病蔓延。在治疗病鸡的同时，应用药物彻底消毒圈舍。最有效的方法，是在鸡舍闲置时，首先把鸡舍清扫干净，焚烧垃圾，以防污染周围环境。然后用杀虫剂喷撒圈舍内外，并适当密闭鸡舍。墙壁和地面再用火碱水消毒，也可起到杀死鸡虱的目的。

（3）应用药物定期驱虫。每年对全场的鸡定期使用阿维菌素进行驱虫，可获得一次用药同时驱杀体内、外寄生虫的效果。

5. 治疗

鸡虱是一种永久性寄生虫，从虫卵到成虫都生活在鸡的体表。灭虱时，要对鸡体和鸡舍同时进行药物驱虫，必须使药物直接接触到羽体本身，才能将其杀死。药物对虱卵无杀灭效果，虱卵的孵化期不超过 10 天，因此需要在 10~15 天用药 2 次，才能彻底消灭羽虱。

（1）喷粉法。把杀虱药装在喷粉器或一端有许多小孔的纸罐内，将药粉撒在鸡虱寄生的部位即可，杀虫药有 0.15% 敌百虫粉、4% 的马拉赛昂、0.15% 的蝇毒磷等。

（2）水浴法。用 5% 的溴氰菊酯原液加水 2 000 倍稀释，对患鸡进行药浴，一次即可杀灭鸡虱；或用 0.7% 的氟化钠温水给鸡洗澡，药液温度以 27~38℃ 为宜，注意使羽毛湿透，即可达到彻底灭虱的效果。

（3）中药法。用百部 1 千克加水 50 千克，煎煮 30 分钟，用纱布滤出药液。药渣中再加水 35 千克，煎煮 30 分钟，过滤。混合两次药液，可供 400 只鸡灭虱用 1 次。喷雾或浸浴应在温暖季节进行，应使羽毛被药液充分湿透。药液应保持 37～38℃温度。选择晴天对患鸡进行药浴，药浴时抓住鸡的双翅，将鸡全身浸入药液，浸透羽毛后提起鸡，沥去药液。第 2 天用同法再药浴 1次，彻底杀灭鸡虱。值得注意的是，第 1 次治疗后，间隔 10 天再治疗 1 次，可杀死新孵出的幼虱。

（4）气浴法。用烟草片泡水（4∶10），喷洒鸡舍内的栖架、用具，然后把鸡舍关严，不让蒸气跑掉。晚上把鸡关在鸡舍内，连续 2 个晚上就能杀虱。

（5）砂浴法。在鸡运动场建一个方形浅池，如鸡只数量少可准备一个大盆，在室内可放置一砂浴箱，将硫黄按 1∶10 的比例混在沙子里并充分拌匀，铺在浅池里，厚度以 10～20 厘米为好，让鸡自行沙浴，消灭鸡虱。

（6）喷雾法。可用 10% 二氯苯醚菊酯加 5 000 倍水或用灭蝇灵加 4 000 倍水，用喷雾器对鸡逆毛喷雾，全身都要喷到，然后喷鸡舍。

可按使用说明书投服阿维菌素或伊维菌素。服后 1～2 小时，再用上述药带鸡喷雾，7 天后重复 1 次。

二、跳蚤

鸡跳蚤也是鸡常见的一种体外寄生虫。寄生后引起鸡的皮肤红疹，奇痒发炎，贫血消瘦。跳蚤常见于种鸡和育成鸡舍。

1. 病原

跳蚤，虫体小、无翅，身体左右扁平，棕褐色，头三角形，触角 3 节，较短。欧洲鸡蚤，即鸡角叶蚤或鸡蚤，是巢穴蚤，在鸡舍和野生鸟类巢中相当常见，曾报道侵袭几十种禽类。鸡蚤可结茧，化蛹，蜕皮发育到成虫阶段，春天温度升高和机械破坏启动成虫从茧中逸出。鸡冠蚤，即禽毒蚤，也称之为南方鸡蚤夏初更常见。鸡冠蚤生活史持续两周到 8 个月，春末成虫体呈棕黑色，躯体坚韧，长 1~5 毫米，两侧扁平，刺吸式口器，腿很长，善于跳跃，成虫用口器黏附在宿主身体上，以吸血为主。鸡蚤雌虫产卵落入垫料，以碎屑和成蚤排出的未消化血液为食。鸡冠蚤的雌蚤可将卵产于禽类的面部和肉垂。

2. 流行特点

成虫侵袭动物，其他发育阶段在地面完成。通过接触感染。多建于秋末冬初，呈地方性流行。在我国西北、内蒙古自治区和东北等地较为普遍。蚤在严寒的冬季生活在宿主体表，隐藏在毛间，在气候寒冷，营养较差的情况下，尤易发病，损失很大。鸡跳蚤还可侵袭多种哺乳动物，而间接传播本病。

3. 临床表现与特征

鸡跳蚤的成虫常附着在头部的皮肤上，很难剥离，在同一部位附着数日至数周。由于跳蚤叮咬的机械性刺激和毒素作用，使鸡体不安，皮肤红疹，奇痒发炎，失血性贫血，消瘦，幼龄禽可能生长减缓、死亡，成年鸡会造成贫血。

4. 诊断

本病根据临床症状可初诊，在鸡身上发现蚤和蚤排泄物时可确诊。

5. 预防

防止猫、狗、鼠等哺乳动物及野禽、野鸟接近鸡舍。定期更换垫料并烧毁，定期喷洒杀虫药。

6. 治疗

用 0.125%~0.25% 除虫菊酯对鸡舍内设施和垫料喷雾，也可对鸡体少量喷雾。

用 4%~5% 马拉硫磷对鸡舍地面、墙壁及缝隙喷雾。

用 4%~5% 马拉硫磷粉处理新换的垫料，并用作沙浴。可杀死鸡体及落入垫料的成蚤。

用25%硫黄软膏或20%醋酸软膏涂搽患部。

用30%鱼藤粉撒布患部。

用2%煤酚皂液浸洗患部。

三、蚊蝇

1. 蚊

蚊类袭击人及家禽，对养殖场的危害主要表现在两方面：一方面，蚊类吸食血液，骚扰畜禽休息，使畜禽生产性能下降；另一方面，也是更重要的，会造成多种严重疾病的传播，常见的蚊媒疾病为鸡痘和住白细胞原虫病，均会引起鸡的生产性能下降甚至死亡。

（1）病原。蚊种类繁多，迄今全世界已知种类达40个属、3 200多种。我国已知蚊类达18个属、380多种和亚种。蚊是全变态昆虫，个体发育中经过卵、幼虫、蛹和成虫。蚊子的平均寿命不长，在自然条件下雄蚊交配后7～10天，但在实验室可活到1～2个月；雌蚊至少可活1～2个月，在实验室曾活到4个月。

（2）习性。蚊都孳生于水中，蚊一般喜欢在隐蔽、阴暗和通风不良的地方栖息。

（3）防治。

①为了尽量减少蚊类数量，首先减少舍外积水，有积水时及时排出厂区外，使蚊幼虫密度显著下降；保持畜禽舍通风干燥，舍外杂草及时铲除，防止蚊类藏匿；每天下午黄昏禽舍外喷洒溴氰菊酯1次；自蚊类出现就安装纱门纱窗，并且纱网用溴氰菊酯浸泡或隔一段时间就喷洒1次。

②晚上舍内开灭蚊灯或燃烧无刺激性的蚊香，或者喷洒可以灭蚊的药水。这种方法有一定效果，但不经济。

③药物预防，对于没有疫苗的蚊媒疫病，可以进行药物预防，饲料中添加磺胺磺5～7日，每100克混饲料80千克，同

时，饲料中添加1%～2%小苏打效果更好，一般磺胺磺首次用量加倍，每月添加两次，以预防鸡住白细胞原虫病及鸡痘。

④气雾剂灭蚊。灭蚊气雾剂是一种杀虫剂，其主要成分是丙炔菊酯。蚊子多半喜欢躲在阴暗潮湿的地方，应针对畜禽舍的各个角落进行喷洒。在畜禽舍内，利用旧箱子或桶子，放些抹布在里面，布置成一个阴暗潮湿的"人工陷阱"，白天蚊子飞进去歇息，往里头喷洒杀虫剂。杀虫剂不需要太多，即可达到效果，多了不但浪费，还会增加污染。

⑤物理避蚊。捕蚊灯是利用蚊子的趋光性及对特殊波长的敏感性，紫外光对蚊子有吸引力，以灯管诱捕蚊子接触网面，并用高压电击网丝，瞬间使蚊子烧焦。选择光度8瓦以上或双灯管的捕蚊灯。捕蚊灯最好摆放在高于膝盖的地方，且离地面不要超过180厘米。使用捕蚊灯时，其他室内光源要统统关掉，因为蚊子被干扰，就无法感受捕蚊灯的光源，捕蚊效果也将大减。在捕蚊灯的集虫盒里加点水，再加点醋，捕蚊效果更好，因为蚊子有喜欢酸性的习性。

2. 蝇

由于不注重禽类排泄物的无害化处理，再加上有的养殖场离居民区较近，一到春、夏季，苍蝇就开始在畜禽场被污染的地方孳长，对生产区的禽群及附近生活区的工作人员造成威胁。

（1）病原。养殖场中的苍蝇一般包括家蝇、小家蝇、大家蝇和球形蝇等。

家蝇是鸡场内数量最多的苍蝇。成虫家蝇的体长在6～7毫米左右，多数为灰色。胸部有四条纵向的条纹，翅膀几乎是透明的，腿部为黑褐色，卵为白色，直径大约1毫米。

小家蝇也是鸡场中比较常见的苍蝇，体长为5～6毫米，颜色略显黑一些。

大家蝇的体型比家蝇大，身体强壮，颜色黑灰色，胸后部为浅黄色，腿部为金红色或黄褐色。

球形蝇为亮黑，色体型比家蝇略小。

（2）习性。苍蝇是完全变态昆虫，它的生活史可分为卵、幼虫（3个龄期）、前蛹、蛹、成虫几个时期。苍蝇的寿命虽然只有1个月左右，但其繁殖能力强。据统计，一只雌蝇可产500～1 000个卵，一对苍蝇的后代共约1.9亿只之多。

苍蝇的食性非常复杂，属杂食性蝇类，可以取食各种物质，人的食物、人和禽的分泌物和排泄物、厨房残渣和其他垃圾以及植物的液汁等，都可以供其采食。家蝇饱食之后，间隔很短时间，约几分钟，即可排粪。由于吐泻、排粪频繁，失水较多，又促使它频繁取食，因而它在孳生物质上边吃、边吐、边拉，造成严重污染。在畜禽场里，饲料、饮水器具常被污染。

（3）危害。苍蝇能够传播50多种疾病，对家禽养殖有影响的重要疾病如禽流感、新城疫、大肠杆菌病、球虫病等，在疾病暴发时可加速流行性疫病的传播。

畜禽舍内的大量苍蝇，对禽而言，可导致禽群烦躁不安，污染蛋壳；粪便中蛆的活动可导致禽舍内的氨气含量升高，影响鸡群的生产性能。对家畜可导致其精神不安，畜群身体相互摩擦，相互撕咬等造成外表的损伤，降低了肉用等级。畜禽的精神状态不佳和过多的运动降低肉料比，增加了饲养成本，降低受益。另外，苍蝇还可以传播多种人类的传染疾病，从而威胁从业人员的身体健康。

（4）防治。及时清除鸡舍内禽粪便，消除卫生死角，保持鸡舍内通风干燥，控制舍内湿度。应特别注意死角中的粪便和污水，尽可能保持鸡粪干燥。鸡舍内的废旧垫料和病死鸡也应及时妥善处理。对鸡舍要定期检查饮水和喂料系统，确保不漏水、不洒料；适当调节鸡舍的通风系统，确保合适的风速，防止氨气含量过量。在舍内悬挂蚊蝇粘胶。

化学药物是控制苍蝇的有效方法。化学药物不仅可以杀死成蝇，也可以杀死蝇卵和幼虫，迅速降低蚊蝇在鸡舍内的密度。常用的杀虫剂有菊酯类、拟菊酯类、有机磷类，可采用喷洒、涂抹等方法，最好用拟除虫菊酯类的杀虫剂，毒性小。对鸡舍外围及蚊蝇栖息场所进行全面喷洒。或将草绳拧粗一点，然后用药水浸泡几分钟，制成药绳悬挂于鸡舍内。

四、鸡螨病

鸡螨病是由多种对鸡具有侵袭、寄生性质的螨类引发的慢性寄生疾病。螨虫可寄生在全身、腿、腹、胸、翅膀内侧、头、颈、背等处，螨虫吸食鸡体血液和组织液，并分泌强毒素引发皮肤红肿、损伤继发炎症。感染鸡只骚动不安、食欲缺乏，严重感染时造成鸡贫血、消瘦、发育迟滞；雏鸡感染会严重失血或导致死亡。

1. 病原

引起鸡螨病的螨种类很多，如鸡螨、北方羽螨、鸡新棒恙螨、厉螨、尾足螨等。

鸡螨-鸡皮刺螨，也称红螨、栖架螨、鸡窝螨或夜袭螨。这类寄生虫肉眼可见，可传播禽霍乱，可经野鸟或啮齿动物传播给禽类。虫体呈黄色，吸血后变为红色或褐色。体椭圆形，后部稍宽，体表密布细毛，假头和附肢细长，螯肢呈细针状。雄虫大小长约0.6毫米，雌虫长为0.72~0.75毫米。鸡皮刺螨仅部分时间寄生于禽类宿主，在夜间爬到禽类身上吸食血液，白天藏于缝隙中。

林禽刺螨又称北方羽螨，大小与鸡皮刺螨相仿，是我国常见螨类，能连续在鸡身上繁殖。主要生活在温带地区，靠吸血为生。

鸡新棒恙螨，其幼虫纤小，不易发现，饱食后成橘黄色。长

0.421毫米，宽0.321毫米。分头、胸、腹三部分，足3对。

突变膝螨俗称鳞足螨或鸡腿疥螨，主要寄生鸡腿部。虫体灰白色，近圆形，虫体背面的褶襞呈鳞片状，尾端有1对长毛。雄虫长0.19~0.20毫米，雌虫长0.41~0.44毫米。

鸡膝螨，虫体与突变膝螨相似，但较小。

双梳羽管螨，虫体柔软而狭长，两侧几乎平行，乳白色。雄螨大小长为0.59~0.77毫米，雌螨大小长为0.73~0.99毫米。脱落，甚至引起贫血，消瘦，生长发育停止，产蛋下降，啄羽、啄肛等。

2. 流行特点

本病传播快，一旦发生很快蔓延至全群。病鸡是本病的主要传染源，野生飞禽是本病的重要传播者。每年夏秋两季的感染率较高。幼螨常爬于小石块或草的尖端，当宿主经过时即爬到其体上。因此，鸡群在这些地方放牧时最易遭受感染。

3. 临床特征与表现

患部奇痒，出现痘疹状病灶，周围隆起，中间凹陷呈痘脐形，中央可见一小红点。大量虫体寄生时，腹部和翼下布满此种痘疹状病灶。病鸡贫血，消瘦、垂头、不食，如不及时治疗可能死亡。

鸡皮刺螨，白天隐藏在鸡舍地板、墙壁、天花板等裂缝内，夜晚则成群爬行于鸡体上，吮吸血液，影响鸡休息，在密集型的笼养鸡群，极易发生本病。

突变膝螨，通常寄生于鸡腿上的无毛处及脚趾部，引起足部炎症，皮肤增生，变粗糙，胫部和趾部肿大，皮肤增厚、出血，有渗出液溢出，干燥后形成灰白色痂皮，因此，本病又称为"石灰脚"病。

鸡膝螨，其寄生诱发炎症，羽毛变脆、脱落，体表形成了赤裸裸的斑点，皮肤发红，上覆鳞片，抚摸时觉有脓疱，因其寄生部剧痒，病鸡啄拨羽毛，使羽毛脱落。病灶常见于背部、翅膀、臀部、腹部等处。

双梳羽管螨，寄生于鸡飞羽羽管中，可损伤羽毛。

北方羽螨吸食血液并引起贫血、瘙痒、刺激。北方羽螨主要寄生于鸡的肛门周围，被侵袭的禽类泄殖腔部位羽毛成黑色并有结痂。

鸡新棒恙螨的幼虫寄生于鸡的翅膀内侧、胸肌两侧以及肌内侧的皮肤上，大量寄生时，病鸡贫血，消瘦，不食，严重者可引起死亡。夏季比较活跃，流行呈散在的和局限性的特点。

寡毛鸡螨亦称气囊螨，寄生于鸡支气管、肺气囊以及与呼吸道相连的骨腔，导致鸡只消瘦，发生腹膜炎、肺炎和呼吸道阻塞，也是诱发结核病的因素，甚至造成死亡。

4. 诊断

在痘疹病灶的痘脐中央凹陷部可见有小红点，用小镊子取出，放在显微镜下检查，可见该虫体即可确诊。

5. 预防

（1）实行全进全出避免混养，注意新老鸡群的隔离饲养，建立隔离带，严格兽医卫生检疫。鸡场人员应洗澡更衣，进出鸡场的运输车辆和工具应用热水、酸、碱彻底消毒，胶靴、工作服和手套都应经常清洗，以免将螨虫带到清洁舍内。在日常管理中，每天一定要最后进入有感染的鸡舍，发现感染及时诊治。

（2）为了预防连续几群鸡受到感染，应在每换一批鸡时，让鸡舍空舍一段时间，清除残留的羽毛和垃圾，清理蜘蛛网，及时维修鸡舍，堵塞墙缝，进行粉刷。有条件的鸡场应对笼具用洗涤液彻底清洗，晾干后再用火焰烤 1 次，同时对鸡舍墙壁也烘烤一下，防止交叉感染。

（3）定期使用杀虫剂，运动场应以植树为主，减少杂草和矮小灌木丛，清除杂草，防止野鸟和老鼠进入鸡舍。

（4）定期检查，每月检查 3 次，每次可抽检 10 只，检查其肛门周围的皮肤和羽毛上有无虫体。同时加强饲养管理，降低饲养密度，保持鸡舍清洁和干燥，良好的饲养管理可以提高鸡群抵抗力，螨病的发病率可控制在最低限度。

（5）栏舍环境用 2.5% 溴氰菊酯按 1 : 2 000 倍稀释后喷施杀虫，特别是刺皮螨栖息地要重点喷洒；间隔 7～10 天后重复 1 次，以强化杀虫效果；长期防控可交替用药，临床上还有 0.25% 蝇毒磷和 0.5% 马拉硫磷溶液，按说明配制、稀释后喷施，注意不要喷进料槽和水槽。

6. 治疗

该病主要依靠药物防治，基本原则是选用广谱、低毒、有效、低成本、使用方便而且安全可靠的驱虫药，使用正确的药物浓度，确保药物达到鸡的皮肤，以产生良好的效果，同时还要防止鸡中毒。

（1）对于商品肉鸡，可用灭虫菊酯做带鸡喷雾。喷洒药物，如乐果 0.5% 与溴氰菊酯（或氯氰菊酯、速灭菊酯）0.1% 混合悬液；间隔 7 天再喷洒 2 次，要求用药前让鸡群饮水充足，喷药时要让鸡羽毛湿透。

（2）沙浴法，在运动场上挖一浅池，用 10 份黄沙加 2 份硫黄粉拌匀放入池内，任鸡沙浴。

（3）药浴法，可选用一些抗寄生虫药，如灭虫菊酯浸泡鸡体。

（4）缓解痒症以松焦油 1 份，硫黄 1 份，肥皂 2 份，医用酒精 2 份，调匀涂抹患部，或在患处涂抹 2% 碳酸软膏或 15% 硫黄膏，连用 3～7 天。也可用生姜涂抹，每日一次，连用 3 天，效果良好。对由突变膝螨引起的该病可用肥皂水去痂皮，再用上述药物浸泡患部。

（5）给发病鸡只投服阿维菌素、伊维菌素等抗寄生虫类药物，阿维菌素可用于拌料供鸡内服，用量为 0.15~0.2 克/千克，间隔 1 个月再用 1 次；或用蝇毒磷按 40 毫克/千克拌料，连用 10~15 天；或用灭虫丁 0.4 毫克/千克拌料，口服 1~2 剂即可。

（6）中药方法，以 100% 的百步、丁香和花椒煎剂具有良好的杀螨作用。

（7）对症治疗"石灰脚"，将患部（鸡脚）浸入温热水中，可滴醋少许，至痂皮软化，软毛刷试去痂皮，消毒棉擦干水渍，涂抹 10% 硫黄软膏，连用 5~7 天。

7. 注意事项

药浴应选择晴朗、无风、温暖的天气进行，药浴后使其自然干燥，不要过量通风，防其受凉。药浴要彻底，将鸡全身羽毛浸湿。

药物对鸡、人及其他动物均有一定的毒性，要认真做好个人及动物的防护。要先进行小群试验，安全无问题时，再全群进行。药液的配制浓度要准确，以防发生中毒。不要在药液中加入碱性物质，否则，毒性增加。

五、蜱

鸡蜱，又称鸡蝙子、鸡虱子或壁虱，是鸡体表的一种寄生虫。当大量侵袭寄主时，可使宿主消瘦，贫血，产蛋率下降，有的瘫痪，可造成大批雏鸡死亡。

1. 病原

鸡蜱，属于蜱螨亚纲、寄螨目、硬蜱科和软蜱科。蜱实际上就是大型的螨。硬蜱又称壁虱、扁虱、草爬子等，体壁较硬，背面和大多数的腹面均有几丁质硬化而成的板。软蜱体壁较软，无几丁质硬化成的板，表皮呈革质，有皱纹及细颗粒。对家禽来说危害性最大的主要是软蜱。雌成虫饱血后大小约为 10 毫米×6 毫米，有 4 对足，虫体不分节。未吸血的蜱体呈扁平卵圆形，颜色为棕黄色到微红棕色。雌雄体形态相似，吸血后迅速膨胀，虫体背面由有弹性的革状外皮组成。软蜱的发育包括卵、幼虫、若虫和成虫4个阶段，整个发育过程需1~12个月。雌虫一生可产卵500~875个，分4次或5次，每产一次后须寻找宿主吸血一次。卵产于隐蔽的缝隙内，包括树皮的下面。在温暖的季节，卵在6~10天孵化成有3对足的幼虫，而在凉爽的季节孵化期可达3个月。幼虫在不进食的状态下可生存数月，但一般情况下在4~5天即变为饥饿状态并开始寻找宿主。幼虫吸血4~5天后离开宿主，经3~9天脱皮蜕化为4对足的若虫，若虫在不吸血的情况下可生存15个月，若虫再次吸血后蜕变为成蜱。成蜱大约1周后吸饱血后进行交配，交配后3~5天开始产卵。成虫生活力很强，不食也能存活两年半以上，幼虫也在半年左右。幼虫白天晚上都出来活动，爬到鸡身上吸血数天，才离开鸡体。

2. 流行特点

幼蜱、若蜱及成蜱群居于鸡舍的墙、地板等缝隙中，成虫生活习性是昼伏夜出，白天隐匿于鸡舍墙壁缝隙或顶棚内夜晚活动，侵袭鸡体，吸足血后即行离开。幼虫不分昼夜，在鸡体吸附5~7天后脱离鸡体。各期虫体、一般吸血量很大，吸血后虫体增大数倍或数十倍。成虫喜燥热，耐严寒，生活力和耐受性极强，不吸血也能存活1年以上。

3. 临床表现与特征

鸡遭受蜱的侵袭后，轻微的可造成羽毛蓬乱，食欲下降，生长发育缓慢，贫血，消瘦，产蛋量下降；严重时可因失血性贫血造成死亡。某些蜱如波斯锐蜱经唾液分泌的麻痹毒素可使鸡发生肌肉松弛，运动麻痹。另外，蜱还是禽螺旋体病、梨形虫病、立克次氏体病和许多病毒病如脑炎的传播者。

4. 诊断

蜱的个体较大，通过肉眼观察即可发现。

5. 预防

（1）尽量避免平养、散养鸡，而采取笼养或圈养的方式，定期检查房舍、栖架等，并且定期清除鸡舍内的粪便。

（2）室外运动场、食槽、木架及树干可用有效的杀虫剂处理。定期修理房舍，堵塞缝隙及粉刷墙壁，消灭老鼠及野鸟。

（3）引种时，严格检疫，防止带入病原，经常清扫、洗刷地面用具并晾晒，定期用药物预防。经常检查鸡群，对精神委顿、冠色发黄、羽毛松乱以及夜间蜷伏地面、角落的鸡勤做检查。

6. 治疗

（1）对垫料、地面、墙壁、顶棚等进行彻底喷雾消毒，并且使药物喷入缝隙内。用 50 ~ 100 毫克/千克的溴氰菊酯，200 毫克/千克的双甲脒，或 50% 的马拉硫磷用柴油或煤油 2 500 倍稀释对鸡笼舍及墙、地面及周围环境进行喷雾或熏蒸，不留死角，包括人们居住的房屋内外都要进行喷药，最重要的是成片成区大面积同时进行喷药，15 天左右 1 次，用 2 ~ 3 次就能取得实效。对鸡舍内的各种缝隙应重点喷药，但要注意的是使用杀虫药物（溴氰菊酯、双甲脒等）时，应先在小群试验，使用安全后再推广应用到整个禽群或禽舍。

（2）用生石灰水（1 000 千克生石灰加 5 升水）加敌百虫粉粉刷墙壁；或先用"六六六"粉剂堵塞墙缝，然后再用石灰填平周围环境的缝隙，杀死缝隙中的各期幼虫和成虫。

（3）经常巡视鸡群，对精神委顿、冠色发黄、羽毛松乱以及夜间蜷伏地面、墙角的鸡勤做检查，若发现幼蜱寄生，可用 2% 敌百虫直接涂抹到幼蜱身上。雏鸡身上的幼蜱也可用植物油涂抹，安全有效。

（4）高温灭螨，此法宜可在夏季气温高时进行。先清扫鸡舍，堵塞门窗缝隙，将鸡舍内温度升高至 55～60℃，保持一昼夜。同时要在舍外墙壁、门窗等处喷药，以杀灭外逃螨。

（5）可用尹维菌素或阿维菌素制剂（按产品说明使用）拌料或注射驱虫。

第三章　肉鸡的普通病

第一节　消化系统疾病

一、嗉囊卡他

嗉囊卡他，又称软嗉病、嗉囊炎、嗉囊下垂，是由于发霉腐败、易于发酵产气的饲料，有毒、有刺激性的物质或者异物，维生素缺乏或寄生虫感染及嗉囊阻塞，刺激和损害嗉囊黏膜使其发炎，腐败发酵产生大量气体使嗉囊膨胀的疾病。

1. 病因

原发性病因包括：采食难消化或易腐败发酵的饲料；饮用污秽水；误食酸、碱等腐蚀性物质等。

继发性嗉囊卡他，见于鸡新城疫，白色念珠菌感染，毛滴虫、捻转毛细线虫、穿孔毛细线虫重度侵袭，瞿麦中毒，食盐中毒等疾病；也继发于维生素 A、B 缺乏症、嗉囊阻塞等。

2. 临床表现

精神沉郁，食欲减退，甚至废绝，冠、髯发绀；头颈伸直，吞咽困难，不断张口，从口鼻流出污黄色的浆液或黏液；嗉囊胀大，叩诊呈鼓音，触摸柔软、有弹性，表现疼痛；有的迅速消瘦、衰竭而死亡；有的转为慢性，后遗症造成嗉囊下垂。

3. 诊断

根据嗉囊膨大变软或有气体，挤压时由口鼻流出嗉囊内容物等症状，结合饲喂史可以诊断。嗉囊卡他与嗉囊阻塞的区别关键在于嗉囊的软硬。

4. 防治

治疗要点在于先高抬后躯，按压嗉囊，排出贮积的内容物，再用0.5%鞣酸、1%明矾或2%硼酸等消毒收敛溶液冲洗。

预防。在于不饲喂发霉变质、易发酵产气、有毒、有刺激性的饲料；清理饲料内的异物；防止散养肉鸡食入异物、污水、化肥等。积极预防和治疗鸡新城疫、维生素 A、维生素 B 缺乏症、嗉囊阻塞和中毒等疾病。

二、嗉囊阻塞

嗉囊阻塞，又称硬嗉症、嗉囊扩张、嗉囊弛缓，是由于嗉囊运动机能减弱所致的嗉囊内硬固性食物停滞，引起阻塞不通，影响营养物质的消化吸收，阻碍生长发育，产蛋下降或停产甚至嗉囊破裂、穿孔。

1. 病因

易发因素包括长期饲喂糊状饲料或寄生虫重度侵袭所致的嗉囊弛缓以及维生素、矿物质元素或砾石缺乏造成的异嗜。

致发病因包括过量啄食高粱、豌豆等干燥颗粒饲料，胡萝卜、马铃薯等大块根茎以及拌有糠麸的干草；大量吞食柔韧的水生植物，或金属块、骨片、皮革、毛发等坚韧的异物。

2. 临床表现

精神沉郁，食欲减退，甚至废绝，翅膀下垂，消瘦；喙频频开张，流恶臭黏液；嗉囊胀大，触之黏硬或坚硬，长时间不能排空；呼吸困难，张口呼吸，甩头，冠髯发绀，俯卧在地，大多于数日内死于窒息、自体中毒或嗉囊破裂；张口时有恶臭淡色液体流出。抢救不及时，可因嗉囊破裂、穿孔或窒息而死亡。少数转为慢性，后遗嗉囊下垂。

3. 防治

治疗措施是，首先可注入 20~30 毫升植物油或者 50~100 毫升水，再按摩嗉囊，压碎内容物，经口排除。然后用消毒收敛溶液冲洗。按摩无效的，尤其异物性阻塞，可施行嗉囊切开术，方法是：术部拔毛，用 2% 碘酊消毒，作 1.5~2 厘米长的切口，取出异物，用消毒液冲洗嗉囊，然后先缝合嗉囊，再缝合皮肤。术后 1~2 天饲喂易消化的饲料，1 周左右可以康复。

预防在于不饲喂粗硬籽实；消除饲料内的异物；定时定量饲喂；正确配合日粮，防止矿物质、维生素和微量元素的缺乏。

三、泄殖腔炎

泄殖腔炎俗称白带或肛门后淋，是由于鸡场环境不清洁、潮湿、氨气或粪便刺激，或饲料中的芒刺损伤，或粪便中的有毒物质刺激使泄殖腔和肛门发炎、糜烂、黏膜脱落和溃疡的疾病。

1. 病因

泄殖腔炎的主要病因是鸡舍及育雏室环境不清洁，潮湿或氨气刺激泄殖腔，或垫料上的粪便直接刺激泄殖腔；饲喂含有麦芒、麦壳等的饲料，芒刺损伤泄殖腔；均可引起炎症。此外，痛风时排出多量含有尿酸盐的粪便，伴有腹泻的疾病粪便内有毒物质刺激泄殖腔，也可引起泄殖腔炎。

2. 临床表现

病鸡食欲缺乏，体质消瘦，冠、肉垂及面部呈灰白色。肛门红肿，周围羽毛有恶臭的脓状物污染，肛门的边缘常有假膜形成。严重时肛门部分的组织发生溃烂、脱落，形成溃疡。有时炎症可以蔓延至直肠部分。由于肛门部位受到刺激，病鸡不断用力努责并表现疼痛，往往引起泄殖腔脱垂，鸡群发生啄肛癖。

3. 诊断

根据鸡舍环境不洁，饲料内有芒刺，痛风，腹泻的病史，肛门出血、糜烂、黏膜脱落、溃疡的症状可以诊断。本病与输卵管炎均有肛门红肿，排出恶臭分泌物等症状，诊断时须根据其各自的临床症状、剖检等特点细加鉴别。

4. 防治

发现本病时要将病鸡立即隔离饲养，剪去肛门附近的污秽羽毛，并除去肛门部分坏死组织，用温和的 3% 铬酸水溶液或 10% 明矾溶液或 0.1% 的高锰酸钾溶液，每隔 3~4 天冲洗一次，半个月即可痊愈；部按上述方法处理后涂敷 5% 金霉素类软膏，一般涂敷 2~3 次也可见效；大群可以投用氟苯尼考制剂、替米考星等。

预防该病可从几个方面入手：搞好鸡舍内的卫生管理，包括合理的饲养密度，适当的通风量，及时清除舍内的鸡粪，舍内的人行道要清洁卫生，避免尘土飞扬，适宜的温湿度环境，要坚持每天清洗消毒饮水器具，要防止饲料被粪便污染，减少舍内地面鸡，病死鸡的安全无害化处理等；搞好对大肠杆菌等病的药物预防工作；饲喂全价配合日粮，饮水中可添加 0.03% 的硫酸镁；熟练掌握鸡人工授精技术。

四、腺胃炎和肌胃炎

腺胃炎和肌胃炎，是由多种因素共同作用，使得肉鸡出现腺胃黏膜溃疡水肿，肌胃角质层增厚、糜烂、溃疡为症状的疾病。该病发病区域广，无季节性，肉鸡最早发病日龄见于 1~8 日龄，15~30 日龄为多发期。

1. 病因

腺胃炎和肌胃炎的发生原因，至今尚无定论，大致分类包括传染性因素和非传染性因素两类。

（1）传染性因素。

真菌感染：烟曲霉菌、黄曲霉菌、白色念珠菌等。

细菌感染：厌氧菌，如腐败梭菌。

病毒感染：如传染性支气管炎、传染性喉气管炎、鸡传染性贫血病毒等能够引起鸡免疫抑制的病毒。

（2）非传染性因素。

饲养管理：饲养密度过大，雏鸡早期育雏不良，雏鸡运输时间长，脱水等是此病发生的诱因。在很多情况下这些饲养因素对腺胃炎病发生的严重性及死亡率有关系，这种病常也见于那些经常使用垫料的鸡场，经常注射抗生素特别是四环素也能诱发腺胃炎。

营养因素：饲料营养不良、硫酸铜过量、日粮的氨基酸不平衡、日粮中的生物胺、低纤维素日粮、真菌毒素等诱发腺胃炎。

2. 临床表现

（1）直升飞机羽（或叫螺旋桨状羽毛）。即翅膀翼羽基部不完全断裂，断裂羽毛与体躯垂直，类似飞机螺旋状。病鸡食欲减退生长停滞，羽毛粗糙缺乏光泽蓬乱，体重仅为健康鸡的1/20～1/10。病鸡初期表现精神沉郁，畏寒，呆立，缩头垂尾，采食和饮水急剧减少。后期可持续很长时间，最后由于采不到食，病鸡极度消瘦、苍白，逐渐衰弱而死。

（2）神经症状。多发生于发育较好的鸡群。病初表现脚软，蹲地啄食，而后两脚瘫痪完全不能站立。病鸡侧卧两脚颤抖朝向一侧或前后（左右）叉开，头须向后卷曲或一侧卷曲，并出现作后翻滚动作。体温不高，常在1～2天死亡。

（3）腹泻。病鸡排黄白色稀粪，喂变质鱼粉的病鸡还发现体温升高至43～44℃。由于饲料转化率低，消化不良，粪便中可见到未消化的饲料颗粒。

（4）水肿。气温较高季节或饲养较良好的鸡群发病常可见水肿症状，在头部、下颌部、翅膀的臂部、下腹部等部位出现蓝紫色水肿。

（5）皮肤苍白。病鸡冠、嘴、脚显得苍白。

（6）鸡群鸡只大小参差不齐。部分病鸡逐渐康复，但体形瘦小，不能恢复生长，因此鸡群鸡只大小参差不齐。

3. 病理变化

病禽腺胃肌胃病变具有特性：病禽腺胃肿大，腺胃壁增厚，或腺胃乳头扁平甚至消失，或腺胃大过肌胃，手感变硬，切开见腺胃壁增厚、水肿、呈月牙状、指压可流出清亮液体，腺胃黏膜肿胀变厚、乳头肿胀、出血、溃疡，有的乳头已融合、界限不清，严重的出现火山口样的溃疡直至穿孔。肌胃角质层增厚、糜烂、溃疡易剥离，边缘苍白有裂缝。胸腺、脾脏及法氏囊严重萎缩，肠壁变薄无物、肠道有不同程度的出血性炎症。粪便呈腹泻样，过料、颜色发暗，部分病鸡肾肿大，有尿酸盐沉积。肠道内容物为含大量水的食糜。

4. 诊断

（1）发病前期以"不吃不长不死"为主要特征，后期由于鸡体质弱衰竭死亡，或继发感染其他疾病死亡。这两个病一年四季均可发生，以夏季和季节更替时发病率高，尤以秋转冬时损失更严重，在我国北方地区表现更为明显，肉鸡发病日龄多集中在10～30日龄。

（2）腺胃炎和肌胃炎的不同之处。腺胃炎发病初期表现为粪便过料或细长条。腺胃炎不吃大颗粒饲料，刨料。由于腺胃肿胀，腺胃内径变小，吃大颗粒饲料很难到达肌胃，所以鸡不爱吃大颗粒饲料；即使吃了也疼，所以鸡表现尖叫、疯跑的状态。解剖可见腺胃肿胀如乒乓球状、充血出血；乳头水肿、基部呈粉红色，周边出血；病后期乳头溃疡、凹陷、消失。

鸡得了肌胃炎对饲料的颗粒状大小是没有什么挑剔，但整吃整拉的现象普遍，也就是大家看到的过料严重。因为鸡的肌胃相当于鸡体内的粉碎机，粉碎机坏了，不工作了，吃的大颗粒饲料不能被粉碎，所以，过料相当严重。剖检可见肌胃干瘪萎缩，鸡内金呈现老树皮状、甚至糜烂，鸡内金下方出现白色或灰白色脓疮样附着物，严重的附着物厚度超过1毫米。

（3）腺胃炎和肌胃炎的共性。腺胃炎和肌胃炎会造成鸡群生长不良，病鸡体重比正常鸡体重低，鸡群发育大小参差不齐，发病一两天后都会表现头部发尖，不增料的情况。个别鸡出现精神不振、缩头、垂翅的状态，病鸡还表现出脸发白、腿脚发白等贫血症状。这两个病的病程都比较长，治疗及时者3天即可治愈，治疗不及时的，直到出栏都不能治愈，对养殖户的损失较大。这两个病发病率高，前期几乎不死亡，后期会出现衰竭性死亡。死亡率高低不等，无明显的死亡高峰。腺胃炎和肌胃炎的发生，会造成鸡免疫力低下，甚至会造成免疫抑制。临床表现为胸腺、胰腺、法氏囊严重萎缩，甚至有些鸡群还表现为轻微的咳嗽、甩鼻等呼吸道症状。

5. 防治

（1）治疗。根据本病发生的原因，对因和对症治疗，包括抗菌，抗真菌，另外，配合均衡的饲料加以治疗。

（2）预防。雏鸡应选择从没有传染性肌腺胃炎的鸡场购进，注重疫苗质量（特别是鸡痘疫苗和马立克疫苗）。日常管理应注重孵化器和孵化房的卫生消毒，降低饲养密度，避免各种应激，控制好育雏温度，避免喂给劣质饲料，及时更换潮湿的垫料等措施预防本病发生。为防止鸡痘引起腺胃炎，还应做好防蚊蝇的工作。

五、肠炎

肠炎是由于饲喂霉败、含粗纤维多的饲料，或用药浓度过高，疲劳、感冒、营养缺乏等饲养管理错误所引起的肠黏膜及黏膜下层组织发炎，黏液分泌增多，腹泻、脱水、失盐、酸中毒，消化吸收障碍，自体中毒的疾病。各日龄鸡均可发生，但是仔鸡多发，且病情重，死亡率高；成鸡病情轻缓，死亡率低。

1. 病因

按照病因分为原发性肠炎和继发性肠炎。

原发性肠炎主要是由于饲养管理不当所引起的，如饲喂了发霉变质的饲料；用药量或者浓度过大，如用高浓度高锰酸钾溶液饮水消炎或者添加多量碳酸氢钠促生长等；含粗纤维的青菜青草饲喂比例过大；不定时定量饲喂致使雏禽暴饮暴食；肌胃内缺乏砂砾又饲喂了整粒谷物。此外，过度疲劳，受寒感冒，长途运输，营养缺乏也可以引起肠炎。

继发性肠炎，主要继发与某些内科病，营养代谢病、中毒病、传染病和寄生虫病。能激发肠炎的内科病主要有肌胃角质层炎、胃肠阻塞、砂砾缺乏症和肉鸡猝死综合征等；营养代谢病主要是痛风、维生素 A 缺乏症、渗出性素质、肌营养不良，维生素 B_1、维生素 B_2 缺乏征；中毒病主要有食盐中毒、棉籽饼中毒、曲霉菌素中毒、磺胺类药物中毒、喹乙醇中毒、土霉素中毒、有机磷农药中毒、氨气中毒等。能继发肠炎的传染病主要是雏鸡白痢、大肠杆菌病、禽伤寒、禽霍乱、传染性法氏囊病、禽白血病、马立克氏病、传染性喉气管炎等；能继发肠炎的寄生虫病主要有鸡球虫病、毛滴虫病等。

2. 临床表现

腹泻是本病的主要症状，拉白色稀粪或水样便，粪内混有绿、黄、棕、黑或血色物，粪便覆有黏液膜，肛门周围羽毛上沾满粪便，有的病雏集聚的粪便使肛门闭塞不能排便，表现疼痛不安，发出"吱吱"的鸣叫声。由于腹泻使得机体脱水及毒物吸收发生自体中毒，病禽表现精神沉郁，呆立嗜睡，羽毛蓬乱，消瘦，皮肤干燥，口渴贪饮，怕冷，聚集在温度高处。最后因脱水、衰竭、自体中毒、心力衰竭而死亡。成禽症状轻缓，病死率低。

3. 病理变化

通过对多群病鸡解剖观察，其主要病理变化为：在发病的早期，十二指肠段、空肠的卵黄蒂之前的部分黏膜增厚，颜色变浅，呈现灰白色，像一层厚厚的麸皮，极易剥离；肠黏膜增厚的同时，肠壁也增厚。肠腔空虚，内容物较少，有的肠腔内没有内容物；有的内容物为尚未消化的饲料。此病发展到中后期，肠壁变薄，黏膜脱落，肠内容物呈蛋清样、黏脓样，个别鸡群表现得特别严重，肠黏膜几乎完全脱落崩解，肠壁菲薄，肠内容物呈血色蛋清样或黏脓样、烂柿子样。其他脏器未见明显病理变化。

4. 诊断

根据腹泻，粪内混有血液、脱落的上皮组织等病理产物，皮肤干燥、贪饮的症状，结合病史及流行特点可初步诊断为肠炎。

5. 治疗

对轻症肠炎减少饲喂量，给予易消化的饲料，在日粮内添加难吸收的磺胺类药物。对症治疗肠炎可用0.1%高锰酸钾溶液饮水，并内服磺胺类药物，0.05 ~ 0.15 克/千克体重，每日 2 ~ 3 次，连服 3 ~ 4 天；或用呋喃唑酮混料饲喂，300 ~ 400 毫克/千克饲料，连用 3 ~ 4 天。

6. 预防

加强饲养管理，不喂发霉饲料，用药要掌握适当的用量和浓度，含粗纤维的青草青菜饲喂比例不能过大，定时定量饲喂，定期饲喂砂砾。防止过度疲劳、受寒感冒和营养缺乏。积极预防和治疗能引起肠炎的某些内科疾病、营养代谢病、中毒病、传染病和寄生虫病。

六、胃肠阻塞

胃肠阻塞是刚出壳的雏鸡在铺有锯末等异物的育雏室饲喂，或过度饥饿时采食了异物，引起肌胃阻塞，使内容物后送困难，胃肠膨胀，排粪困难，疼痛，消化及吸收障碍的疾病。本病主要发生与雏鸡，死亡率较高。

1. 病因

刚出壳的雏鸡在铺有锯末、沙子、煤渣的育雏室饲喂时，由于对饲料和异物辨识能力差而误食，或不定时定量饲喂使雏鸡过于饥饿而采食。也有添加砂粒或腐殖酸钠过量而继发病的。

2. 临床表现

精神沉郁，低头缩颈，翅膀下垂，羽毛蓬乱，闭目呆立。嗉囊多软化、空虚；也有个别的嗉囊内有多量内容物。有的排带泡沫的稀粪，内有锯末、砂粒、煤渣等异物；有的排粪困难，排粪时因疼痛而发出"吱吱"的尖叫声。触诊腹部，肌胃处坚硬，直肠段有硬结。

3. 病理变化

多数嗉囊和腺胃空虚；病程长或严重病例可发生因肌胃阻塞继发的腺胃阻塞。肌胃内充满锯末、砂粒、煤渣等异物而坚硬；或胃被纤维团块塞满。未阻塞的肠道空虚，有少量含有异物的泡沫状内容物。因阻塞物的压迫使肌胃发炎、坏死而出血。

4. 病程和预后

个别轻者可以治愈，多数预后不良，一般 1～3 日死亡。

5. 诊断

根据沉郁、嗜睡，粪内有异物或排粪时尖叫，触诊肌胃坚硬的症状，结合接触异物的饲养史；或肌胃阻塞的剖检变化可以诊断。

6. 治疗

立即清除育雏室的异物，或更换育雏室。在饲料中拌石蜡油或植物油0.5~2毫升/只；对不食者，可用注射器灌服。对阻塞严重的，可增加投油的量和次数。

7. 预防

对刚出壳的鸡雏，不在育雏室内铺锯末等异物；定时定量饲喂，防止采食异物。饲料内砂的添加量为0.5%~1%，不能过量添加。

第二节　呼吸系统疾病

一、喉炎

1. 病因

原发性喉炎，主要起因于受寒感冒，机械性或化学性刺激。继发性喉炎，主要是邻近器官炎症，如鼻炎、咽炎、气管炎等的蔓延或继发于某些传染病，如鸡传染性喉气管炎病、流行性感冒、传染性上呼吸道卡他、禽白喉等。

2. 临床表现

突出的表现是剧烈的咳嗽和喉部体征。病初发短干痛咳，以后则变为湿而长的咳嗽。饮冷水、采食干料以及吸入冷空气时，咳嗽加剧，甚至发生痉挛性咳嗽。喉部肿胀，头颈伸展，呈吸气性呼吸困难。触诊喉部，摇头伸颈，表现知觉过敏，并发连续的痛咳，喉狭窄音远扬数步之外；喉部听诊闻大水泡音。有时流浆液性、黏液性或黏液脓性鼻液，下颌淋巴结急性肿胀。并发咽炎时，则咽下障碍，有大量混有食物的唾液随鼻液流出。重症病例，精神沉郁，体温升高1~1.5℃，脉搏增数，结膜发绀，吸气性呼吸困难，甚至引起窒息死亡。

慢性喉炎，长期弱咳、钝咳，早晚吸入冷空气时更为明显。触诊喉部稍敏感，引发弱咳。每因喉部结缔组织增生、黏膜显著肥厚、喉腔狭窄而造成持续性吸气性呼吸困难。

3. 病理变化

以喉头、气管上端出血、糜烂、小肠内充气、肾肿大等，其他病变不明显。

4. 防治

治疗鸡喉炎病并无特效药物，多年的传统常规免疫程序和药物治疗，其效果不够理想。有些中草药再配合紧急接种传喉疫苗，效果良好。

有本病流行的地区，首次于 45 日龄滴鼻或点眼接种，第二次在 85 日龄进行二免，发病后及时治疗，可采用抗病毒的中西药，结合对症疗法，如祛痰、止咳、清肺理气等治疗方法，有时可采用紧急预防接种。

可选用平喘止咳，消痰化淤的中草药。

二、支气管炎

1. 病因

寒冷刺激，可使支气管黏膜下的血管收缩，黏膜缺血而防御机能降低，呼吸道常在菌（如肺炎球菌、巴氏杆菌、链球菌、葡萄球菌、化脓杆菌等）或外源性非特异性病原菌乘虚而入，呈现致病作用。

机械性和化学性刺激，如吸入粉碎饲料、尘埃、真菌孢子、氯、氨、二氧化硫等刺激性气体及火灾时的闷热空气；投药以及吞咽障碍时异物进入气管，均可引起吸入性支气管炎。

继发于某些传染病和寄生虫病，如鸡传染性支气管炎及鸡的肺丝虫病等。

2. 临床表现

急性大支气管炎主要症状是咳嗽。病初呈干、短、痛咳，以后变为湿、长咳。从两侧鼻孔流出浆液性、黏液性或黏液脓性鼻液。胸部听诊可听到干性或湿性啰音。全身症状较轻，体温正常或升高 0.5 ~ 1.0℃。

急性细支气管炎多继发于大支气管炎，呈现弥漫性支气管炎的特征。全身症状重剧，体温升高 1 ~ 2℃，呼吸疾速，呈呼气性呼吸困难，可视黏膜蓝紫色，有弱痛咳，胸部听诊，肺泡呼吸音增强，可听到干啰音和小水泡音，还可听到捻发音。胸部叩诊音较正常高朗，继发肺泡气肿时，呈过清音，肺叩诊界扩大。

腐败性支气管炎除急性支气管炎的基本症状外，全身症状重剧，呼出气带腐败性恶臭，两侧鼻孔流污秽不洁并带腐败臭味的鼻液。该部位听诊可听到支气管呼吸音或空瓮性呼吸音。

慢性支气管炎主要症状是持续性咳嗽。咳嗽多发生在运动、采食、夜间或早晚气温较低时，常为剧烈的干咳，鼻液少而黏稠。并发支气管扩张时，咳嗽后有大量腐臭鼻液流出。病势弛张，气温突变或服重役时症状加重。全身症状一般不明显。后期并发支气管周围炎和肺泡气肿，则显不同程度的呼气性呼吸困难。

3. 病程及预后

急性大支气管炎，经过 1 ~ 2 周，预后良好。细支气管炎，病情重剧，常有窒息倾向，或变为慢性而继发慢性肺泡气肿，预后慎重。腐败性支气管炎，病情严重，发展急剧，多死于败血症。

慢性支气管炎，病程较长，可持续数周、数月乃至数年，往往导致肺膨胀不全、肺泡气肿、支气管狭窄、支气管扩张，预后不良。

4. 诊断

主要依据于受寒感冒病史，咳嗽、流鼻液、听诊干，湿啰音等现症。

5. 治疗

目前，尚无治疗鸡传染性支气管炎的特效药。针对其症状，其治疗原则为加强护理，消除病因，祛痰镇咳，抑菌消炎，必要时进行抗过敏治疗。呼吸困难时，可肌肉注射氨茶碱。

6. 预防

本病预防应考虑减少诱发因素，提高鸡只的免疫力。清洗和消毒鸡舍后，引进无传染性支气管炎病疫情鸡场的鸡苗，搞好雏鸡饲养管理，鸡舍注意通风换气，防止过于拥挤，注意保温，适当补充雏鸡日粮中的维生素和矿物质，制定合理的免疫程序。

三、气囊炎

气囊炎不是一个单独的疾病，仅仅是某些全身性感染的症状。一般是由病毒、支原体、大肠杆菌等病原引起，由于该症状病因较多，同时能相互的继发，给防治带来一定困难。该病一年四季均有发生，但以春秋季节最为高发，给养殖业带来很大的损失。

1. 病因

（1）传染性因素。传染性因素能引起鸡气囊炎的病原种类繁多，临床上最常见的是大肠杆菌，另外，还有新城疫病毒、传染性法氏囊炎病毒、传染性支气管炎病毒、传染性鼻炎病毒、支原体（败血支原体、滑膜支原体）、曲霉菌等病原微生物，感染肉鸡后，都可以引起气囊炎。

（2）非传染性因素。非传染性因素比较复杂，大概包括以下几类：①饲养过程中的通风、温度以及湿度控制不当，是气囊炎的主要诱因，如养殖的密度过大与养殖的环境洁净度不高，消毒不够彻底，另外，很多养殖户不重视养殖场通风，肉鸡舍内常常积聚过多的有害气体（如氨气浓度过高）；②肉鸡呼吸系统结构原因，这种"上呼吸道－肺脏－气囊－骨骼"相互连通的结构特点，使机体形成一个半开放的系统，空气中病原微生物，很容易通过上呼吸道造成全身感染，也是气囊炎高发的重要原因；③正常免疫后应激，做完首免或二免后鸡群出现咳嗽、甩鼻、呼噜的，如不能及时治疗很快便引起气囊炎；④免疫抑制病，由于免疫抑制病的存在，机体对外界致病原敏感性增加，条件性病原或弱致病性病原如支原体用了多种大环内酯类的抗生素就是不能完全治愈，接而转型为顽固性呼吸道综合征。

2. 临床表现

以甩鼻、咳嗽、呼噜等上呼吸道症状为主，且逐渐蔓延发展。病鸡眼睛变形，眼结膜发炎、流泪，甚至肿胀导致失明。本病传播快，前期症状较轻，不易发现，中后期多为混合感染，大批死亡。病程较长，治疗不及时或延误病情者死亡率、淘汰率较高，且治疗不彻底，在继发心包炎、肝周炎后死亡率更高，发病中后期或病重鸡群，鸡群精神沉郁、采食量不升或明显减少，排黄白或黄绿色稀粪，鸡群生长缓慢，闭眼、打蔫鸡不断出现，死亡率增加。

3. 病理变化

主要表现为喉头和气管轻微充血、出血、气管内有少量黏液或一层黄色干酪样物附着，严重病例可造成支气管堵塞；肺部气囊混浊、增厚、有黄色或黄白色块儿状干酪样物附着，肺脏充血、淤血，严重病例导致坏死；腹气囊也会出现混浊、增厚，腹腔常有大量小气泡；发病中后期会造成心包炎、肝周炎、腹膜炎及气囊炎。

4. 预防措施

疫苗预防在育雏时控制好支原体与大肠杆菌病，做完疫苗后用大肠杆菌与支原体药，中后期控制好病毒病。选择优质的疫苗，防疫之后做好呼吸道疾病的预防措施。发现鸡群起呼吸道疾病了，及时全面治疗，边治疗边调理，不要犹豫，将呼吸道病控制在萌芽阶段是关键。

加强肉鸡饲养管理规范进雏途径，从正规的种鸡场购进优质鸡苗，确保无支原体垂直传播感染的情况；本病发病主要原因与环境因素非常大，饲养管理做好对该病的预防至关重要；采用合理的饲养密度，保证鸡舍良好的通风；给鸡群供给营养均衡的饲料，做好日常的消毒卫生工作，保持鸡场、鸡舍的环境卫生；对于病死鸡要深埋或彻底销毁，杜绝传染源，给予鸡群良好的生存环境；鸡场应建立生物安全体系和采用全进全出的生产制度。

5. 治疗措施

轻度发病治疗方案用中药维乐欣（黄连解毒散）加20%氟苯尼考粉各用1袋对300~400千克水，集中饮水。

重症发病治疗方案用中药250克瘟毒清（主要成分：黄连、板蓝根、连翘等）加气囊三日清（主要成分为盐酸多西环素可溶性粉）各用1袋对水250千克集中饮水。

四、气囊破裂

气囊破裂是由于饲喂或饮水时拥挤跌撞，粗暴地抓鸡，阉割位置不准或动作不熟练等因素，使颈部、锁骨间和腹部气囊破裂，使气体窜入皮下或腹腔，病禽呼吸活动障碍，呼吸困难，颈部和腹部肿胀膨大，皮肤发红、发绀的疾病。

1. 病因

由于食槽或水槽过少或过小，饲喂和饮水时拥挤而引起跌撞，粗暴地抓鸡，阉割时位置不准确或者动作不熟练，或其他引起猛烈碰撞的因素，均可引起颈部、锁骨间气囊和腹部气囊破裂，气体窜入皮下及腹腔，造成颈部或腹部膨胀隆起。

2. 临床表现

精神沉郁，呼吸困难，独立一隅不愿意活动。颈部气囊破裂，见颈部羽毛逆立，轻的颈基部气肿，重的气肿延续至颈上部。腹部气囊破裂见腹围膨大，触诊腹壁紧张而有弹性，并有捻发音，叩诊似气球。气体集聚部位皮肤毛细血管先充血而是皮肤发红，后期因淤血而发绀。病情轻的能存活一段时间，表现生长发育障碍；严重者很快死亡。

3. 诊断

根据呼吸困难，颈部气肿和腹部似气球，紧张而有弹性的表现，结合拥挤跌撞，猛烈碰撞的病史可以诊断。

4. 防治

本病无治愈的方法，关键在于预防。食槽和水槽要充足，以防拥挤；抓鸡时动作应轻缓。

五、肺炎

肺炎是由于受寒或感冒使其呼吸系统防御屏障机能和机体抵抗力降低，支气管黏膜纤毛向上摆动减弱，分泌物增加，肺炎球菌侵入下呼吸道大量繁殖，引起肺毛细血管扩张充血，浆液渗出，支气管管壁水肿，肺通气障碍，呼吸困难的卡他性肺炎。各日龄鸡均可发生，但是，雏鸡多发，病情重剧，易死亡。

1. 病因

多由支气管炎发展而来。病因同支气管炎，如寒冷刺激、理化学因素等。

过劳、衰弱、维生素缺乏及慢性消耗性疾病等呼吸道防卫能力降低的因素，均可导致呼吸道常在菌大量繁殖或病原菌入侵而诱发本病。

已发现的病原有禽多杀性巴氏杆菌、鸡鹦鹉热衣原体、肺炎球菌、绿脓杆菌、化脓杆菌、沙门氏菌、大肠杆菌、坏死杆菌、葡萄球菌、链球菌、化脓棒状杆菌、烟曲霉菌、黄曲霉菌以及腺病毒、鼻病毒和流感病毒等。

2. 临床表现

病初呈急性支气管炎的症状，但全身症状较重剧。病鸡精神沉郁，食欲减退或废绝，结膜潮红或蓝紫。体温升高 1.5～2℃，呈弛张热，有时为间歇热。脉搏随体温而变化，呼吸增数，口渴贪饮。咳嗽，呼吸时有啰音；呼吸困难，喘息，甚至伸颈张口喘气，冠髯发绀。最后多窒息死亡。

3. 病理变化

肺淤血，水肿，挤压可使切面流出液体。组织学上可见初级支气管和次级支气管周围淋巴细胞浸润，管壁水肿。气囊发炎，囊壁水肿，增厚，渗出物增多。

4. 病程及预后

病程一般持续 2 周。大多康复；少数转为化脓性肺炎或坏疽性肺炎，转归死亡。

5. 诊断

根据受寒后突然发病或由感冒继发，表现张口喘息，咳嗽，呼吸时有啰音，体温升高等症状；肺脏淤血、水肿，挤压可使切面流出液体等剖检变化，排除传染性肺炎或由传染病继发的肺炎可诊断。

6. 治疗

抑菌消炎，主要应用抗生素和磺胺类制剂。常用的抗生素为青霉素、链霉素及广谱抗生素。常用的磺胺类制剂为磺胺二甲基嘧啶。

在条件允许时，治疗前最好取鼻液作细菌对抗生素的敏感试验，以便对症用药。例如，肺炎双球菌、链球菌对青霉素较敏感，青霉素与链霉素联合应用效果更好。对金黄色葡萄球菌，可用青霉素或红霉素，亦可应用苯甲异恶唑霉素。对肺炎杆菌，可用链霉素、卡那霉素、土霉素，亦可应用磺胺类药物。对绿脓杆菌，可合用庆大霉素和多粘菌素 B、多粘菌素 F。对多杀性巴氏杆菌使用氯霉素，按每千克体重 10 毫克，肌肉注射，疗效很高。大肠杆菌所引起的，应用新霉素，按每日每千克体重 4 毫克，肌肉注射，每天注射 1 次。

7. 预防

注意做好环境卫生和通风保暖设备。在日粮中供应足够的维生素。

六、真菌性肺炎

真菌性肺炎，各种动物都可发生，多见于家禽尤其幼禽，常伴有气囊和浆膜的霉菌病。

1. 病因

真菌及其孢子可通过呼吸道吸入感染，病原真菌包括丝孢菌、放线菌、葡萄状白真菌和裂殖菌。家禽多为灰绿曲霉菌、黑曲霉菌、烟曲霉菌及毛霉属的总状毛霉曲菌，这些真菌在自然界广泛分布，潮湿情况下，温度适宜（35～40℃）很易生长发育。在鸡，除接触感染外，还能通过种鸡经卵垂直传播给雏鸡。

2. 症状

家禽流浆液性鼻液，呼吸困难，张口呼吸，吸气时颈部气囊扩大，一起一伏并发出"嘎嘎声"，夜间更加显著。食欲减退，倦怠无力，不愿活动，渐进性消瘦，常有下痢。

3. 病理变化

在家禽，呼吸道黏膜有炎性变化；支气管黏膜和气囊增厚，内有黄绿色真菌菌苔。肺和肋的浆膜表面有黄、灰、灰白色小结节。

4. 诊断

根据流行病学、临床表现及病理变化可做出初步诊断。确诊需进行微生物学检查。取病灶组织或鼻液少许置载玻片上，加生理盐水 1～2 滴，用针拨碎，显微镜检查见有菌丝或孢子，即可确诊。

5. 治疗

制霉菌素成鸡每千克饲料中添加 50 万～100 万单位，连用 1～3 周。雏鸡每 100 只一次用量为 50 万～100 万单位，每天 2 次，连用 3 天。

两性霉素 B 按每千克体重 0.12～0.25 毫克，以 5% 葡萄糖液稀释成每毫升含 0.1 毫克，缓慢静脉注射，隔日注射或每周注射 2 次。

克霉唑抗真菌谱广、毒性小、内服易吸收，内服量：雏鸡每 100 只用 1 克，混于饲料中喂给。

1∶3 000 硫酸铜溶液，作为饮水用，家禽 3～5 毫升，每天 1 次，连用 3～5 天；或内服 0.5% 碘化钾溶液，鸡 1～1.5 毫升，每天 3 次。

七、感冒

感冒，是寒冷刺激所引起的一种以上呼吸道黏膜发炎为主症的急性全身性疾病。临床上以体温突然升高、咳嗽、羞明流泪和流鼻液为特征。本病雏鸡多发，治疗不及时可转为肺炎而死亡。

1. 病因

鸡舍及育雏室或运输车船保暖不良（如门窗关闭不严等）而使雏鸡受到寒冷的侵袭；或鸡舍及育雏室通风不良，室内氨气、二氧化碳浓度大，在开窗通风换气时受寒；长途运输而疲劳，缺乏某种营养，患其他疾病也是感冒的诱因。

2. 临床表现

受寒冷作用后突然发病，精神沉郁，呆立嗜睡，羽毛蓬乱，体温升高，畏寒集堆或靠近热源。鼻流清涕，喷嚏，咳嗽。眼结膜发炎，肿胀，羞明流泪。呼吸加快。

3. 病理变化

剖检病死鸡发现，鼻腔气管及支气管内充满半透明渗液，肺淤血，胆囊肿大，脾不同程度肿胀，肝肾轻度充血，腿肌淤血，呈败血性症表现。

4. 诊断

根据受寒冷作用后突然发病，表现体温升高，喷嚏，咳嗽，流鼻液等上呼吸道卡他性炎症的症状可以诊断。

5. 治疗

治疗要点在于解热镇痛，祛风散寒，防止继发感染。

解热镇痛可内服阿司匹林或氨基比林；亦可肌肉注射30%安乃近液，或安痛定液，或百尔定液。在应用解热镇痛剂后，体温仍不下降或症状仍未减轻时，可适当配合应用抗生素或磺胺类药物，以防止继发感染。

祛风散寒应用中药效果好。当外感风寒时，宜辛温解表，疏散风寒，方用荆防败毒散加减；当外感风热时，宜辛凉解表，祛风清热，方用桑菊银翘散加减。

6. 预防

注意禽舍、育雏室和车船运输中的保暖，但温度也不能太高，温度过高或忽高忽低反而容易感冒；鸡舍及育雏室要适当通风，避免室内氨气、二氧化碳浓度过大；要防止长途运输而疲劳，防治某种营养缺乏和患其他疾病。

第三节　骨骼疾病

肉鸡软腿症

肉鸡软腿症是指以肉鸡呈现腿部乏力，不能正常运动，严重的为瘫痪症状的腿部运动障碍性疾病。本病多见肉用仔鸡，以4～5周龄易发，发病率可达20%左右。

1. 病因

（1）遗传因素。肉鸡快速生长和体重日益增加与腿部问题的日渐增多有着直接关系，这也为今后肉鸡的遗传育种提出了新的问题。

（2）营养因素。多考虑饲料中钙、磷的数量、比例及有效磷的含量问题。有时虽然饲料中营养没问题，但是，由于长期大剂量使用某些药物致使钙质结合，不能吸收而发生软骨症。这一点值得注意。

（3）疾病因素。各种疾病的发生，亦会影响腿部功能，如细菌性骨髓炎、细菌性关节炎、病毒性关节炎、滑液囊霉形体、立克氏体病等，除上述原因外，有些疾病造成的肠炎致使营养吸收不良，而发生软腿病。

（4）饲养管理。种母鸡营养对肉鸡软腿病有直接影响。事实上，大部分的腿部问题是因为环境应激、疾病及管理问题等多种因素相互影响造成的。

2. 临床表现

无论哪种原因发生的软腿病，其表现症状都是站立困难，趾爪蜷缩，关节肿大，两腿瘫痪，伏地不起，行走艰难，严重影响采食和饮水，增重缓慢，体质瘦弱，产肉性能下降，但鸡的食欲良好。尸体剖检常见大腿骨变脆或坏死以及小腿变软，有的发生跟腱断裂。

3. 防治

加强饲养管理，减少疾病的发生。饲喂全价饲料。不可长期滥用抗生素。

第四节　循环系统疾病

一、肉鸡腹水综合征

肉鸡腹水综合征又称肺动脉高压综合征，或右心衰竭症，是由氧缺乏等多种因素引起的，主要危害快速生长的幼龄肉鸡，并以浆液性液体在腹腔内积聚，右心扩张肥大，肺部淤血水肿和肝脏病变为特征的一种群发性普通病。目前该病已广泛分布于世界各地，同肉鸡猝死综合征和软腿病一起，被称为危害肉鸡的三大疾病。据报道，该病在英、美等国的平均发病率为4.5%，全世界的平均发病率约为4.7%。在我国发病率一般为2%～30%，最高达80%。

1. 病因

腹水综合征的病因较为复杂，包括遗传、营养、饲养管理、环境、孵化条件、应激、真菌毒素、药物中毒和疾病等。归纳起来主要有遗传因素、原发因素和继发因素三大类。

（1）遗传因素。肉鸡腹水综合征常见于快速生长型的肉鸡，如艾维菌、AA、罗斯、科宝、塔特姆、红宝、三黄鸡、各种黄羽肉鸡等。AA和艾维茵的肉鸡腹水综合征发病率一般高于其他品种，且肉用公鸡的发病率较母鸡要高。这是长期以来育种学家不断追求肉鸡生产性能提高而进行遗传选育的结果。

肉鸡快速生长，心肺解剖结构并未得同步发育，其功能亦未得到同步提高。随着体重的迅速增加，其心脏和肺脏重量与体重的比率越来越小，供氧能力接近极限，超出肺系统发育与成熟的程度，形成异常的血压－血流动力系统。加上肉仔鸡前腔静脉、肺毛细血管发育不全，管腔狭窄，血流不畅，造成肺血管特别是肺静脉乃至肝静脉淤血，大量液体通过肝脏渗出，进入腹腔而形成腹水。

（2）原发因素。

①大量研究证明，肉鸡腹水综合征的发生与肉仔鸡所处饲养环境缺氧密切相关。早期肉鸡腹水综合征的发生与高海拔地区的氧分压低，空气中氧气浓度低（高原性缺氧）有关；低海拔或海平面地区肉鸡腹水综合征的发生则与未处理好保温和通风的关系有关，如育雏期间只注意保温而紧闭鸡舍门户，未考虑通风；育雏设备简陋，用塑料（或尼龙）薄膜搭成小空间的棚舍，使得育雏室内空气流通不良；采用煤炉或木屑炉保温，大大增加了鸡舍内的耗氧量；不及时更换垫料，舍内通风不良，一氧化碳、二氧化碳、氨气及尘埃含量升高，加之高密度饲养加剧了鸡舍小环境缺氧；肉鸡本身的快速生长和高代谢率对氧的需要量增加，结果导致机体的相对缺氧。

②本病多发生于冬春季节，提示环境寒冷（低温）在肉鸡腹水综合征的发生上起着重要作用，许多研究者模拟低温成功地诱发了该病。

③饲料和饮水高能量高蛋白日粮或颗粒（浓缩）饲料，均可增加肉鸡腹水综合征的发生，这是因为高能量和高营养饲料，可使肉鸡获得较高的生长速度。日粮酸碱水平失衡，发生酸中毒，亦可导致肺动脉压增高。

日粮或饮水中高钠、高镍、高钴等也是肉鸡腹水综合征发生的重要因素。

此外，日粮中使用含过量芥子酸的菜籽油时，会引起心肌退行性变化，造成右心衰竭，进而形成肉鸡腹水综合征；饲料被浸提剂（己烷）、甲酸、巴豆、吡咯烷生物碱、油脚中的 PCB（二联苯氯化物）等污染，可引起肝中毒，而使门脉压升高，液体从肝表渗入腹腔，形成腹水。

④孵化条件种蛋的孵化过程实际上是鸡胚心、肺等器官的发

育过程，胚体对孵化过程环境条件的变化异常敏感。任何导致孵化器内氧含量不足的情况均可使新生雏鸡腹水综合征发生率升高。

⑤其他应激、肠道内产生的氨、内毒素也是肉鸡腹水综合征的触发因子。高氨环境在肉鸡腹水综合征发生中的确实作用尚未被证实，是否与脲酶抑制剂应用有关，尚待研究。

（3）继发因素。根据试验研究和现场实际观察，肉鸡腹水综合征的继发性因素包括：

①病原微生物因素，如曲霉菌肺炎、大肠杆菌病、鸡白痢、肉鸡肾病型传染性支气管炎、衣原体病、新城疫、禽白血病、病毒性心肌炎等。

②中毒性因素，如黄曲霉毒素中毒、食盐中毒、离子载体球虫抑制剂中毒（如莫能菌素中毒）、磺胺类药物中毒、呋喃类药物中毒、消毒剂中毒（甲酚、煤焦油）等。

③营养代谢性因素，如硒和维生素 E 缺乏症、磷缺乏症等。

④先天性心脏疾病，如先天性心肌病、先天性心脏瓣膜病等。

这些因素可引起心、肝、肾、肺的原发性病变，严重影响心、肝和肺的机能，从而引起继发性腹水。

此外，肉鸡腹水症的发生还与甲状腺素分泌不足，可的松浓度较高有关。

2. 临床表现

2～3 周龄快速生长的肉用仔鸡敏感性最高，死亡高峰多见于4～7 周龄的快速生长期；也有 3～5 日龄雏鸡发病的报告。绝大多数病鸡表现为生长迟缓，精神不振，羽毛松乱，食欲减少或废绝，垂翅喜卧，体温正常，有的排灰白色或黄绿色稀粪。腹部膨大，触之有波动感。腹腔穿刺，流出数量不等的淡黄色透明液体；病鸡不愿站立，常以腹部着地，呈"企鹅状"。冠和肉髯暗红或苍白皱缩。心跳加快，呼吸急促，部分病死鸡可见腹部皮肤发绀。腹水往往发展很快，且病死率很高，常在腹水出现后的3~7天死亡。

3. 病理剖检变化

特征性剖检变化有腹腔积液，心脏及肺脏病变。剖开腹腔见腹腔有数量不等的淡黄色清亮液体，轻者数十毫升，一般为100~500毫升，重者多达500毫升以上。腹水中混有纤维素性半透明胶冻样凝块，无特殊臭味和腐败味。心包积有清亮液体，有时见心包膜增厚，心脏体积增大变圆，右心肥大，右心室扩张，心壁变薄，心肌柔软，心腔内常充满凝固的血液。肺严重淤血或水肿，小点出血，间有实变区。

此外，常可见肝脏表面附着有大量淡黄色胶冻状纤维蛋白凝块，肝变大或萎缩，有的肝脏表面凹凸不平，色淡而质地变硬。肝静脉和肝门静脉怒张呈索状，充满血液。肠管管壁增厚、淤血，肠系膜静脉淤血扩张呈树枝状。肾肿大淤血。法氏囊和胸腺不同程度萎缩。胸肌、腿肌不同程度淤血，色暗红。

4. 诊断

根据病史、临床表现和典型的病理变化，不难作出初步诊断。

5. 防治

一般认为，肉鸡腹水综合征一旦出现临床症状，单纯性治疗往往为时已晚。研究者从不同角度提出防治肉鸡腹水综合征的各种方案，主要有抗病育种、早期限饲、加强饲养管理和药物防治4个方面。

（1）抗病育种。大部分学者认为，防治该病的关键是抗病育种，即选育对缺氧和/或肉鸡腹水综合征都有耐受性的品系，这就要求重新考虑选育标准（如心血管健康和生长性能的生理学新指标），选择出生产性能好且对肉鸡腹水综合征具有抗性的新品种。

（2）早期限饲和控制光照。实行早期合理限饲是公认的预防肉鸡腹水综合征的有效措施。涉及限饲有效降低肉鸡腹水综合征发病率和死亡率的研究报告很多，主要着眼于限饲能减缓肉鸡早期的生长速度，使氧气的供需趋于平衡。

限饲方法有多种，包括限量饲喂（如10～30日龄限制饲喂，每天只供给需要量的一半）、隔日限饲、减量限饲，用粉料代替颗粒料，以低能量（如0～3周喂较低能量饲料，4周至出售前改喂高能量饲料）和低蛋白的日粮代替高能量高蛋白日粮，或控制光照（采用0～3日龄24小时光照；4～21日龄，6小时光照；22～28日龄，8小时光照；29～35日龄，10小时光照；35日龄至上市，12小时光照等。

对限饲开始的时间、限饲的程度、持续时间及其对肉鸡免疫力的影响等问题，仍需要进一步研究。

（3）加强饲养管理。为肉鸡群的生长发育提供一种良好的生活环境，在寒冷季节注意防寒保暖，妥善解决好防寒和通风的矛盾，维持最适的舍内温度和湿度；保持适当的饲养密度；减少饲养管理中的各种应激以及人为应激刺激；搞好小环境卫生，降低有害气体（CO_2、NH_3、H_2S）及尘埃浓度，保持舍内空气清新和氧气充足；提高种蛋质量，改善孵化条件，注意对孵化器、出雏器、运雏及整个育雏期适当补氧；认真执行科学的卫生防疫制度，注意呼吸道病和肺损伤的预防；合理使用各种药物和消毒剂，以做好肉鸡群的生物安全工作；科学调配日粮，注意饲料中各种营养素、蛋能比、油脂类型及电解质（尤其是Na^+、K^+、Cl^-等的比例）平衡，杜绝使用发霉变质的饲料；注意饮水质量，饮水中钠、钙、锌、钴及磷等金属和非金属离子的含量应符合饮用水标准；饲料中磷水平不可过低（>0.05%），食盐的含量不要超过0.5%，Na^+水平应控制在2 000毫克/千克以下，饮水中 Na⁺ 含量宜在 1 200毫克/升以下，并在日粮中适量添加 $NaHCO_3$ 代替 NaCl 作为钠源。

（4）药物防治。国内外有多种药物防治肉鸡腹水综合征的报道，概括起来包括西药防治、中草药防治以及中西结合防治。

①西药防治：

a. 腹腔抽液在腹部消毒后用 12 号针头刺入腹腔抽出腹水，然后注入青、链霉素各 2 万单位（μg）或选择其他抗菌素，经 2~4 次治疗，可使部分病鸡康复。

b. 利尿剂双氢克尿噻（速尿）0.015% 拌料，或口服双氢克尿噻，每只 50 毫克，每日 2 次，连服 3 日；双氢氯噻嗪 10 毫克/千克拌料，也可口服 50% 葡萄糖。

c. 碱化剂碳酸氢钠（1% 拌料）或大黄苏打片（20 日龄雏鸡每天每只 1 片，其他日龄的鸡酌情处理）。碳酸氢钾毫克/千克饮水，可降低肉鸡腹水综合征的发生率。

d. 向瑞平等在日粮中添加 500 毫克/千克的维生素 C，成功地降低了低温诱导的肉鸡腹水综合征的发病率，并发现维生素 C 具有抑制肺小动脉肌性化的作用。此外，在饲料中添加维生素、选用硝酸盐、亚麻油、亚硒酸钠等抗氧化剂，亦有一定的防治效果。

e. 脲酶抑制剂用脲酶抑制剂除臭灵 125 毫克/千克或 120 毫克/千克拌料，可降低肉鸡腹水综合征的死亡率。

f. 支气管扩张剂用支气管扩张剂二羟苯基异丙氨基乙醇给 1~10 日龄幼雏饮水投药（2 毫克/千克），可降低肉鸡腹水综合征的发生率。

g. 试验表明，日粮中添加高于 NRC 标准的精氨酸可降低肉鸡腹水综合征的发病率；给肉鸡饲喂 β-2 肾上腺素受体激动剂可防治肉鸡腹水综合征的发生；在日粮中添加辅酶 Q_{10} 能够预防肉鸡腹水综合征；日粮中添加肉碱（200 毫升/千克）可预防肉鸡腹水综合征；饲喂血管紧张素转换酶抑制剂卡托普利（5毫克/只）、硝苯地平（1.7毫克/只，1日2次），或肌肉注射扎鲁司特（0.4毫升/千克早晚各1次），可降低肉鸡肺动脉高压；或饲喂"腹水克星"、乙酰水杨酸等。

②中草药防治：中兽医认为肉鸡腹水综合征是由于脾不运化水湿、肺失通调水道、肾不主水而引起脾、肺、肾受损，功能失调的结果。宜采用宣降肺气，健脾利湿，理气活血，保肝利胆，清热退黄的方药进行防治，如苍苓商陆散、复方中药哈特维、运饮灵、腹水净、腹水康、术苓渗湿汤、苓桂术甘汤、十枣汤、冬瓜皮饮以及复方利水散、地奥心血康、茵陈蒿散、八正散加减联合组方、真武汤等。

二、肉仔鸡猝死综合征

肉仔鸡猝死综合征又称急性死亡综合征、暴死症、急性心脏病等，是由于不明原因所引起的，以健康肉仔鸡突然在几十秒内死亡和平衡失调、跌倒，翅膀剧烈扇动，强烈痉挛，尖叫为特征的疾病。本病发生于1~8周龄，3~4周龄发病率高，发病率在3%~4%，最高死亡率可达20%，一年四季均可发病，是近些年肉鸡养殖生产中最为常见的疾病之一。

1. 病因

该病发生的原因尚不完全清楚。遗传、营养、环境、日粮酸碱平衡、个体发育、药物等因素都可影响本病的发生。

2. 临床症状

发病肉仔鸡肌肉丰满，外观健康，体重超标。死前患鸡不表现明显症状，饮水、采食、呼吸、活动都很正常，有的鸡只猝死前比正常鸡安静，采食较平时缓慢，排稀薄粪便。喂料时，发现个别鸡只突然失去平衡，向前或向后跌倒，翅膀剧烈扇动，肌肉痉挛，发出狂叫或尖叫，有的离地跳起，颈部扭曲，继而死亡。

从失去平衡到死亡时间很短，在 1 分钟左右。猝死鸡多表现背部朝下躺着，两脚朝天，颈部伸直，少数鸡死亡呈腹卧姿势，大部分猝死鸡死于喂料时间。外观检查无异常，羽毛整洁，且都生长良好。

3. 病理变化

鸡冠、肉髯和泄殖腔内充血，肌肉组织苍白，嗉囊、肌胃见有刚摄入的饲料，肠道充盈，气管内有泡沫样渗出物，肺弥漫性充血和水肿，呈暗红色并肿大，右肺比左肺明显，部分鸡肺脏呈黑色的轻度变化。早期猝死的鸡只心脏呈现明显的右心房扩张，中后期猝死的鸡只心脏均大于正常鸡的心脏，心包液增多，少数具有纤维素凝块；肝脏肿大、质地脆、色苍白；胆囊缩小并空虚；个别的脑外膜有出血。

4. 诊断

根据健康肉仔鸡无明显异常，突然在几十秒钟内死亡，平衡失调，跌倒，翅膀剧烈拍动，强烈痉挛，尖叫的神经症状，病理剖检肺、心的变化，排出传染病可以诊断。

5. 防治

由于本病病因和发病机制均不清楚，因而尚无特效疗法。

预防该病可以从以下几个方面着手。

调整饲料，将颗粒料改为全价粉状饲料。

提高饲料中维生素和微量元素的含量，使用速补 14 水溶性饲料添加剂，其含维生素 AD_3、E、K_3、B_1、B_2、B_6、PP、C1、叶酸、赖氨酸、蛋氨酸等成分，饮 3 天后每隔 10 天饮 3 天，直至出栏。微量元素含铜、铁、锌、锰、亚硒酸钠、碳酸钙等成分，500 千克饲料添加 500 克微量元素混合剂，连用 10 天后改为 1 000 千克饲料添加 500 克，直至出栏。

加强饲养管理，注意鸡舍清洁卫生，经常通风换气，减少有害气体的蓄积。

人员进出及饲喂操作时，应尽量避免惊扰鸡群，以免产生炸群而引起的应激反应，并做好对器具和环境的消毒工作。

第五节　泌尿系统疾病

一、痛风

痛风又称尿酸素质、尿酸盐沉积症和结晶症，是由于嘌呤核苷酸代谢障碍，尿酸盐形成过多和/或排泄减少，在体内形成结晶并蓄积的一种代谢病，临床上以关节肿大、运动障碍和尿酸血症为特征。

1. 病因

（1）动物性饲料过多、饲喂大量富含核蛋白和嘌呤碱的蛋白质饲料可引起本病。属于这类饲料的有动物内脏、肉屑、鱼粉及熟鱼等。

火鸡喂饲含50%生马肉的饲料，血中尿酸盐含量持续升高，爪部发生痛风石，但有人用含60%和80%蛋白质的饲料喂鸡，却不知有痛风的发生。商品饲料中蛋白质含量一般不超过20%，但照样有痛风的发生，可见高蛋白饲喂是引起本病的主要因素，但非唯一因素。

（2）遗传因素动物中已发现遗传性痛风。

（3）肾脏损伤在禽类，尿酸占尿氮的80%，其中，大部分通过肾小管分泌而排泄。肾小管机能不全可使尿酸盐分泌减少，产生进行性高尿酸血症，以致尿酸结晶在实质脏器浆膜表面沉着，称为内脏痛风肾中毒型。

（4）维生素 A 缺乏输尿管上皮角化、脱落，堵塞输尿管，可使尿酸排泄减少而致发痛风。

雏鸡每月有 3 天在饲料中添加磺胺粉末（0.15%），亦可发生痛风。

2. 临床表现

常呈慢性经过。病禽精神委靡，食欲减退，逐渐消瘦，肉冠苍白，羽毛蓬乱，行动迟缓，周期性体温升高，心跳加快，气喘，排白色尿酸盐尿，血液中尿酸盐升高至 150 毫克/升以上。

关节型痛风运动障碍，跛行，不能站立，腿和翅关节肿大，跖趾关节尤为明显。起初肿胀软而痛，以后逐渐形成硬结节性肿胀（痛风石），疼痛不明显，结节小如大麻子，大似鸡蛋，分布于关节周围。病程稍久，结节软化破溃，流出白色干酪样物，局部形成溃疡。尸体剖检，关节腔积有白色或淡黄色黏稠物。

内脏型痛风多取慢性经过，主要表现营养障碍，增重缓慢，产蛋减少及下痢等症状。尸体剖检，胸腹膜、肠系膜、心包、肺、肝、肾、肠浆膜表面，布满石灰样粟粒大尿酸钠结晶。肾脏肿大或萎缩，外观灰白或散在白色斑点，输尿管扩张，充满石灰样沉淀物。

3. 诊断

依据饲喂动物性蛋白饲料过多，关节肿大，关节腔或胸腹膜有尿酸盐沉积，可作出诊断。关节内容物化学检查呈紫尿酸铵阳性反应，显微镜检查可见细针状或禾束状或放射状尿酸钠晶粒。

将粪便烤干，研成粉末，置于瓷皿中，加 10% 硝酸 2～3 滴，待蒸发干涸，呈橙红色，滴加氨水后，生成紫尿酸铵而显紫红色，亦可确认。

4. 防治

尚无有效治疗方法。关节型痛风，可手术摘除痛风石。为促进尿酸排泄，可试用阿托方或亚黄比拉宗，鸡 0.2～0.5 克，内服，每日两次。

预防要点在于减喂动物性蛋白饲料，控制在 20% 左右。调整日粮中钙磷比例，添加维生素 A，也有一定的预防作用。

二、尿石症

在尿中呈溶解状态的盐类物质，析出结晶，形成的矿物质凝聚结构，称为尿石或尿结石；结石刺激尿路黏膜并造成尿路阻塞，称为尿结石症。尿石分两部分。中央为核心物质，多为黏液、凝血块、脱落的上皮细胞、坏死组织片、红细胞、微生物、纤维蛋白和砂石颗粒等，称为基质；外周为盐类结晶，如碳酸盐、磷酸盐、硅酸盐、草酸盐和尿酸盐，以及胶体物质，如黏蛋白、核酸和黏多糖等，称为实体。其中，盐类结晶占97%～98%，胶体物质占2%～3%。

1. 病因及发病机理

（1）高钙饮食。如饲喂高钙饲料时，形成高钙血症和高钙尿症，为碳酸钙尿石的形成奠定了物质基础。

（2）饮水缺乏。饮水不足，尿液浓缩，盐类浓度过高，容易析出结晶而形成尿石。

（3）尿钙过高。如甲状旁腺机能亢进，肾上腺皮质激素分泌增多，过量地服用维生素D等。

（4）尿液理化性质改变。尿液的pH值改变，可影响一些盐类的溶解度。尿液潴留，其中尿素分解生成氨，使尿液变为碱性，形成碳酸钙、磷酸钙、磷酸铵镁等尿石。酸性尿易促进尿酸盐尿石的形成。尿中柠檬酸盐含量下降，易发生钙盐沉淀，形成尿石。

（5）维生素A缺乏。维生素A缺乏，尿路上皮角化及脱落，可促进尿石形成。

（6）尿中黏蛋白、黏多糖增多。日粮中精料过多，或肥育时应用雌激素，尿中黏蛋白、黏多糖的含量增加，有利于尿石形成。

（7）肾及尿路感染发炎。

2. 临床表现

病鸡表现精神沉郁，羽毛松乱，姿势异常，运步时出现高抬腿动作，小心前进，不愿快步奔跑。食欲减退或废绝，排出石灰浆样粪便，有的病鸡呈跛行或呼吸困难，鸡零星死亡不间断。

3. 病理剖检变化

病鸡病变主要在肾脏和输尿管，一侧或者双侧输尿管显著扩张，内有尿石，有的呈柱状，完全堵塞于肾盂至泄殖腔整个输尿管；有的呈卵圆形，堵塞输尿管局部。但结石上、下部输尿管也扩张，内充满石灰浆样物质，尿石为白色干硬物，不易压碎。有的病鸡肾脏肿大至正常的 2～3 倍，表面和切面布满白色针帽大病灶，呈白色白傈样外观，

4. 防治

常用下列方法和药物。

（1）尿道肌肉松弛剂。2.5% 氯丙嗪溶液，牛、马 10～20 毫升，猪、羊 2～4 毫升，肌肉注射。

（2）水冲洗导尿管插入尿道或膀胱，注入清洁液体，反复冲洗。适用于粉末状或沙砾状尿石。

（3）中药疗法海金沙 10 克，金钱草 30 克，鸡内金 30 克，石苇 10 克，海浮石 10 克，滑石 5 克，压粉内服。适用于猪的尿石症。

（4）手术疗法对用保守疗法不能治愈的尿石症，可施行尿道切开或膀胱切开术，将尿石取出。

（5）饮用磁化水饮水通过磁化器后，pH 值升高，溶解能力增强，不仅能预防尿石的形成，而且可使尿石疏松破碎而排出。水磁化后放入木槽中，经过 1 小时，让病畜自由饮用。

（6）地方性尿石地区动物的饲料、饮水和尿石，应查清其成分，找出尿石形成的原因，合理调配饲料，使饲料中的钙磷比例保持在 1.2∶1 或 1.5∶1 的水平，并注意维生素 A 的供给。

（7）应保证足够的饮水和适量的食盐。

第六节　神经系统疾病

中暑

中暑，又称日射病、热射病或中暑衰竭，是产热增多和/或散热减少所致发的一种急性体温过高。临床上以超高体温、循环衰竭为特征。我国长江以南地区多在4~9月发生，长江以北地区多在7~8月发生。发病时间主要在中午至下午3~4时。

1. 病因

夏季天气炎热，畜禽容易中暑，中暑分为日射病和热射病两种。

日射病：因受到强烈日光照射引起中枢神经发生急性病变、脑及脑膜充血，致使神经机能发生严重障碍的叫做日射病。

热射病：因在炎热和潮湿的环境中，热量产生的多，散发的少，全身过热，而引起中枢神经机能紊乱，叫热射病。

因此在炎热的夏天，如果不注意管理，畜禽身体特别是头部，受到日光强烈的直接照射，引起脑及脑膜充血，往往发生日射病。长途运输中过度疲劳或车辆运输时拥挤闷热、畜禽舍狭小、饲养密度高、通风不良，畜禽体温散发受到影响，都能发生热射病。

2. 临床表现

体温高于43℃，触摸鸡体有烫手感；张口呼吸，翅膀张开，部分鸡喉内发出明显的呼噜声；采食量下降（严重可下降25%），最严重的鸡会出现杜绝采食现象；饮水量大幅度增加；精神萎靡、运步缓慢、步样不稳、部分鸡趴着；鸡冠、肉髯先充血鲜红，后发绀（蓝紫色），有的苍白，鸡体发烧很烫，最后惊厥死亡，也有趴着死亡。

3. 病理变化

死亡鸡只的两腿多向后平伸；病死鸡冠呈紫色，有的肛门凸出，口中带血；死鸡一般肉体发白，似开水烫过一样；嗉囊多水，粪便过稀；心外膜及腹腔内有稀薄的血液；肺颜色发深或黑色；肝脏易碎；个别的会有腹腔淤血；脑或颅腔内出血。

4. 病程及预后

病情发展迅速，病程短促，如不及时救治，可于数小时内死亡。轻症中暑，如治疗得当，可很快好转。并发脑水肿、出血而显现脑部症状的，则预后不良。

5. 治疗

治疗要点是促进降温，减轻心肺负荷，纠正水盐代谢和酸碱平衡紊乱。

应立即将病鸡移置阴凉通风处，保持安静，多给清凉饮水。

降温是治疗成败的关键，可用冷水喷雾浸湿鸡体，并在鸡冠、翅翼部位扎针放血，亦可用酒精擦拭体表，促进散热；药物降温，可用氯丙嗪，肌肉注射。

同时，给鸡加喂十滴水 1～2 滴、人丹 4～5 粒，多数中暑鸡很快即可恢复。十滴水：中成药，棕红色或棕褐色液体。主要成分为樟脑、干姜、大黄等。主要治疗因中暑引起的头晕，恶心，腹痛等症状；人丹的主要成分是薄荷冰、滑石、儿茶、丁香、木香、小茴香、砂仁、陈皮等，具有清热解暑、避秽止呕之功效，是夏季防暑的常用药。

第七节　营养代谢病

一、维生素 A 缺乏症

维生素 A 缺乏症是维生素 A 长期摄入不足或吸收障碍所引

起的一种慢性营养缺乏病，以夜盲、干眼病、角膜角化、生长缓慢、繁殖机能障碍及脑和脊髓受压为特征。

1. 病因

配合饲料存放时间过长，其中不饱和脂酸氧化酸败产生的过氧化物能破坏包括维生素 A 在内的脂溶性及水溶性维生素的活性。饲料青贮时胡萝卜素由反式异构体转变为顺式异构体，在体内转化为维生素 A 的效率显著降低。饲料中存在干扰维生素 A 代谢的因素磷酸盐含量过多可影响维生素 A 在体内的贮存；硝酸盐及亚硝酸盐过多，可促进维生素 A 和 A 原分解，并影响维生素 A 原的转化和吸收；中性脂肪和蛋白质不足，则脂溶性维生素 A、维生素 D、维生素 E 和胡萝卜素吸收不完全，参与维生素 A 转运的血浆蛋白合成减少。

2. 临床表现

主要表现生长停滞，消瘦，羽毛蓬乱，第三眼睑角化，结膜炎，结膜附干酪样白色分泌物，窦炎。由于黏膜腺管鳞状化生而发生脓痘性咽炎和食管炎。气管上皮角化脱落，黏膜表现覆有易剥离的白色膜状物，剥离后留有光滑的黏膜或上皮缺损，还可见有运动失调、反复发作性痉挛等神经症状。近来认为禽跛腿亦与慢性维生素 A 缺乏有关。

3. 诊断

根据夜盲、干眼病、共济失调、麻痹及抽搐等临床表现可作出诊断。

4. 防治

应用维生素 A 制剂。鸡可在饲料中添加鱼肝油，按鸡大小每天 0.5 ~ 2 毫升。谷物饲料贮藏时间不宜过长，配合饲料要及时喂用，不要存放。

二、维生素 B$_1$ 缺乏症

维生素 B$_1$ 缺乏症是由于饲料中硫胺素不足或饲料中含有干扰硫胺素作用的物质所引起的一组营养缺乏病，临床表现以神经症状为特征。本病多发生于雏鸡。

1. 病因

饲料中硫胺素含量不足可引起硫胺素缺乏。

2. 临床表现

雏鸡多于 2 周龄前发病，表现为食欲减退，生长缓慢，体重减轻，羽毛蓬松，步样不稳，双腿叉开，不能站立，双翅下垂，或瘫倒在地。随着病情进展，呈现全身强直性痉挛，头向后仰，呈观星姿势。

3. 诊断

依据食欲减退和麻痹、运动障碍等神经症状可作出诊断。

4. 治疗

采用皮下、肌肉或静脉注射维生素 B$_1$ 直至症状消退。

5. 预防

主要是加强饲养管理，增喂富含硫胺素的饲料，如青饲料、谷物饲料及麸皮等。

三、维生素 B$_2$ 缺乏症

维生素 B$_2$，又称核黄素，是生物体内黄酶的辅酶，黄酶在生物氧化中起着递氢体的作用，广泛分布于酵母、干草、麦类、大豆和青饲料中。

1. 病因

核黄素易被紫外线、碱及重金属破坏；另外也要注意，饲喂高脂肪、低蛋白饲粮时核黄素需要量增加；种鸡比非种用蛋鸡的需要量需提高 1 倍；低温时供给量应增加；患有胃肠病的，影响核黄素转化和吸收。否则，可能引起核黄素缺乏症。

2. 临床表现

雏鸡易发生维生素 B_2 缺乏症，表现为生长缓慢，表现腹泻，腿麻痹及特征性的趾卷曲性瘫痪，跗关节着地行走，趾向内弯曲，有的发生腹泻；母鸡产蛋率和孵化率下降，胚胎死亡率增加。

3. 病理变化

病死雏鸡胃肠道黏膜萎缩，肠壁薄，肠内充满泡沫状内容物。有些病例有胸腺充血和成熟前期萎缩。病死成年鸡的坐骨神经和臂神经显著肿大和变软，尤其是坐骨神经的变化更为显著，其直径比正常大 4～5 倍。损害的神经组织变化是主要的，外周神经干有髓鞘限界性变性。并可能伴有轴索肿胀和断裂，神经鞘细胞增生，髓磷脂（白质）变性，神经胶瘤病，染色质溶解。另外，病死的产蛋鸡皆有肝脏增大和脂肪量增多。

4. 诊断

通过对发病经过、日粮分析、足趾向内蜷缩、两腿瘫痪等特征症状，以及病理变化等情况的综合分析，即可作出诊断。

5. 防治

在雏禽日粮中核黄素不完全缺乏，或暂时短期缺乏又补足之，随雏禽迅速增长而对核黄素需要量相对减低，病禽未出现明显症状即可自然恢复正常。然而，对足爪已蜷缩、坐骨神经损伤的病鸡，即使用核黄素治疗也无效，病理变化难于恢复。因此，对此病早期防治是非常必要的。

对雏禽一开食时就应喂标准配合饲料，或在每吨饲料中添加 2～3 克核黄素，就可预防本病发生。若已发病的家禽，可在每千克饲料中加入核黄素 20 毫克治疗 1～2 周，即可见效。

四、维生素 C 缺乏症

维生素 C，又称抗坏血酸，主要作用在于促进细胞间质的合成，抑制透明质酸酶和纤维蛋白溶解酶的活性，从而保持细胞间质的完整，增加毛细血管致密度，降低其通透性和脆性。青绿饲料含有较多的维生素 C，畜禽体内亦能合成，很少发生缺乏。

1. 病因

长期及严重的应激，慢性疾病及某些热性疾病可增加维生素 C 的消耗，间接引起缺乏。

2. 临床表现

幼禽维生素 C 缺乏，可出现精神不振，食欲减退，当病情发展时可表现出血性症状，严重时舌也发生溃疡或坏死。红细胞总数及血红蛋白量下降，逐渐发展为正色素性贫血，并伴发白细胞减少症。

虽然禽类的嗉囊内能合成都分维生素 C，较少发病。但维生素 C 有较好的抗热性，可提高产蛋量，增加蛋壳强度，增加公鸡精液生成，增强抵抗感染能为。因此，在鸡饲料中仍应补充维生素 C，尤其在应激和发病时更应补充。

3. 防治

药物治疗可给予维生素 C 制剂或饲料中添加维生素 C。治疗采用 10% 维生素 C 饲料添加每日 1 次，连用 3 天以上。

五、胆碱缺乏症

胆碱具有多种重要生理机能，构成神经介质乙酰胆碱及结构磷脂、卵磷脂和神经磷脂，并在一碳基团转移过程中提供甲基。

鸡胆碱缺乏症，是一种营养缺乏病症，由于胆碱的缺乏而引起脂肪代谢障碍，使得大量的脂肪沉积所致的病，病雏鸡表现生长停滞，腿关节肿大，突出的症状是骨短粗症，病鸡表现为行动不协调，关节灵活性差发展成关节变弓形。或关节软骨移位，跟腱从髁头滑脱不能支持体重。

1. 病因

家禽对胆碱的需要量，按 NRC 标准：雏鸡和肉仔鸡 1 300毫克/千克，其他阶段均为 500 毫克/千克；种用期为 1 500毫克/千克。以上是在正常条件下家禽对胆碱最小需要量。若供给不足有可能引起缺乏症。由于维生素 B_{12}、叶酸、维生素 C 和蛋氨酸都可参与胆碱的合成，它们的缺乏也易影响胆碱的合成。

在家禽日粮中维生素 B_1 和胱氨酸增多时，能促进胆碱缺乏症的发生，因为它们可促进糖转变为脂肪，增加脂肪代谢障碍。此外，日粮中长期应用抗生素和磺胺类药物也能抑制胆碱在体内的合成，引起胆碱缺乏症的发生。

2. 临床表现

雏鸡往往表现生长停滞，腿关节肿大，突出的症状是骨短粗症。跗关节初期轻度肿胀，并有针尖大小的出血点；后期是因跗骨的转动而使胫跗关节明显变平。由于跗骨继续扭转而变弯曲或呈弓形，以致离开胫骨而排列。病鸡由行动不协调，关节灵活性差发展成关节变弓形。或关节软骨移位，跟腱从髁头滑脱不能支持体重。

有人发现，缺乏胆碱而不能站立的幼雏，其死亡率增高。成年鸡脂肪酸增高，母鸡明显高于公鸡。母鸡产蛋量下降，卵巢上的卵黄流产增高，蛋的孵化率降低。有些生长期的鸡易出现脂肪肝；有的成年鸡往往因肝破裂而发生急性内出血突然死亡。

3. 防治

本病以预防为主，只要针对病因采取有力措施是可以预防发病。若鸡群中已经发现有脂肪肝病变，行步不协调，关节肿大等症状，治疗方法可在每千克日粮中加氯化胆碱1克、维生素 E 10 国际单位、肌醇 1 克，连续饲喂；或给每只鸡每天喂氯化胆碱

0.1 ~ 0.2 克，连用 10 天，疗效尚好。若病鸡已发生跟腱滑脱时，则治疗效果差。

六、叶酸缺乏症

叶酸，因其普遍存在于植物绿叶中而得名，又称维生素 B_{11}，在体内转变为具有生物活性的四氢叶酸，作为一碳基团代谢的辅酶，参与嘌呤、嘧啶及甲基的合成等代谢过程。

家禽叶酸缺乏症是以生长不良，贫血，羽毛色素缺乏，有的发生伸颈麻痹等特征症状的营养代谢疾病。

1. 病因

家禽配合饲料对叶酸的需要量，按 NRC 标准：中雏鸡、肉仔鸡 0.55 毫克/千克，大雏和产蛋鸡 0.25 毫克/千克，种鸡 0.35 毫克/千克。当其供给量不足，集约化或规模化鸡群又无青绿植物补充，家禽消化道内的微生物仅能合成一部分叶酸，有可能引起叶酸缺乏症。如若家禽长期服用抗生素或磺胺类药物抑制了肠道微生物时，或者是患有球虫病、消化吸收障碍病均可能引起叶酸缺乏症。

2. 临床症状

雏鸡叶酸缺乏病的特征是生长停滞，贫血，羽毛生长不良或色素缺乏。若不立即投给叶酸，在症状出现后 2 天内便死亡。病雏有严重的巨幼红细胞性贫血症和白细胞减少症，由于在骨髓红细胞形成中巨幼红细胞发育暂停。有些还出现脚软弱症或骨短粗症。

3. 病理变化

病死家禽的剖检可见肝、脾、肾贫血，胃有小点状出血，肠黏膜有出血性炎症。

4. 防治

家禽的饲料里应搭配一定量的黄豆饼、啤酒酵母、亚麻仁饼或肝粉，防止单一用玉米作饲料，以保证叶酸的供给可达到预防目的。但不能达到治疗目的。

治疗病禽最好肌肉注射纯的叶酸制剂，或者口服叶酸，在1周内血红蛋白值和生长率恢复正常。若配合应用维生素 B_{12}、维生素 C 进行治疗，可收到更好的疗效。

七、维生素 B_{12} 缺乏症

维生素 B_{12}，又称氰钴胺，是唯一含有金属元素钴的维生素，所以又称为钴维生素。它是动物体内代谢的必需营养物质，参与一碳基团的代谢，通过增加叶酸的利用影响核酸和蛋白质的生物合成，从而促进红细胞的发育和成熟。此外，维生素 B_{12} 是甲基丙二酰辅酶 A 异构酶的辅酶，在糖和丙酸代谢中起重要作用。缺乏后则引起营养代谢紊乱、贫血等病症。

1. 病因

日粮中维生素 B_{12} 添加量，按 NRC 标准：雏鸡、肉仔鸡0.009 毫克/千克，育成鸡、种鸡为 0.003 毫克/千克。影响家禽对维生素 B_{12} 需要的因素有：品种、年龄、维生素 B_{12} 在消化道内合成的强度、吸收率以及同其他维生素间的相互关系等。鸡消化道合成的维生素 B_{12} 吸收率较差。当采用笼养或地面网养，鸡无法从垫草中获得维生素 B_{12} 的补充。为此，鸡对维生素 B_{12} 的需要量很大，每千克饲料中须含2.2毫克。此外，饲料中过量的蛋白质能增加机体对维生素 B_{12} 的需要量，还须看饲料中胆碱、蛋氨酸、泛酸和叶酸水平以及体内维生素 C 的代谢作用而定。以上所述各种因素皆有可能使家禽发生维生素 B_{12} 缺乏症。

2. 症状

病雏鸡生长缓慢，食欲降低，贫血。在生长中的小鸡和成年鸡维生素 B_{12} 缺乏时，未见到有特征性症状的报道。若同时饲料中缺少作为甲基来源的胆碱、蛋氨酸则可能出现骨短粗病。这时

增加维生素 B_{12} 可预防骨短粗病，由于维生素 B_{12} 对甲基的合成能起作用。有人证明了患维生素 B_{12} 缺乏病的小母鸡，当处于低胆碱和低蛋氨酸水平时，其输卵管对己烯雌酚处理的反应低，明显地低于喂了维生素 B_{12} 的小母鸡。有的学者报道，维生素 B_{12} 缺乏症血液中非蛋白氮的含量增高，如喂了富含维生素 B_{12} 的肝精后，则其可降低到正常。

成年母鸡维生素 B_{12} 缺乏症时，其鸡蛋内维生素 B_{12} 则不足，于是蛋被孵化到第 16～18 天时就出现了胚胎死亡率的高峰。

3. 病理变化

特征性的病变是鸡胚生长缓慢，鸡胚体型缩小，皮肤呈弥漫性水肿，肌肉萎缩，心脏扩大并形态异常，甲状腺肿大，肝脏脂肪变性，卵黄囊、心脏和肺脏等胚胎内脏均有广泛出血，肝、心、肾脂肪浸润。有的还呈现骨短粗病等病理变化。

4. 防治

在种鸡日粮中每吨加入 4 毫克维生素 B_{12}，可使其蛋能保持最高的孵化率，并使孵出的雏鸡体内贮备足够的维生素 B_{12}，以使出壳后数周内有预防维生素 B_{12} 缺乏的能力。有的学者已证明，给每只母鸡肌注 2 微克维生素 B_{12}，可使维生素 B_{12} 缺乏的母鸡所产的蛋，其孵化率在 1 周之内约从 15% 提高到 80%。有人曾试验，将结晶维生素 B_{12} 注入缺乏维生素 B_{12} 的母鸡鸡蛋内，孵化率及初雏的生长率均有所提高。

动物性蛋白质饲料为禽维生素 B_{12} 的重要来源。鸡舍的垫草也含有较多量的维生素 B_{12}。同时喂给氯化钴，可增加合成维生素 B_{12} 的原料。

八、锌缺乏症

锌缺乏症是饲料锌含量绝对或相对不足所引起的一种营养缺乏病，基本临床特征是生长缓慢、皮肤角化不全、繁殖机能障碍及骨骼发育异常。各种动物均可发生，猪、鸡较多见。

1. 病因

原发性锌缺乏主要起因于饲料锌不足，又称绝对性锌缺乏。继发性锌缺乏起因于饲料中存在干扰锌吸收利用的因素，又称相对性锌缺乏。已证明，钙、镉、铜、铁、铬、锰、钼、磷、碘等元素可干扰饲料中锌的吸收。据认为，钙可在植酸参与下，同锌形成不易吸收的钙锌植酸复合物，而干扰锌的吸收。

2. 临床表现

禽采食量减少，采食速度减慢，生长停滞。羽毛发育不良，卷曲、蓬乱、折损或色素沉着异常。皮肤角化过度，表皮增厚，翅、腿、趾部尤为明显。长骨变粗变短，跗关节肿大。产蛋减少，孵化率下降，胚胎畸形，主要表现为躯干和肢体发育不全。边缘性缺锌时，临床上呈现增重缓慢、羽毛发育不良、折损等。

3. 诊断

依据日粮低锌和/或高钙的生活史，生长缓慢、皮肤角化不全、繁殖机能低下及骨骼异常等临床表现，补锌奏效迅速而确实，可建立诊断。

对临床上表现皮肤角化不全的病例，在诊断上应注意与疥螨性皮肤病、烟酸缺乏、维生素 A 缺乏及必需脂酸缺乏等疾病的皮肤病变相区别。

4. 治疗

每吨饲料中添加碳酸锌200克，相当于每千克饲料加锌100毫克；或口服碳酸锌，补锌后食欲迅速恢复，1~2周体重增加，3~5周内皮肤病变恢复。

5. 预防

保证日粮中含有足够的锌，并适当限制钙的水平，使钙锌比维持在 100：1。

九、硒缺乏症

硒缺乏症是以硒缺乏造成的骨骼肌、心肌及肝脏变质性病变为基本特征的一种营养代谢病。侵害多种畜禽。鉴于硒缺乏同维生素 E 缺乏在病因、病理、症状及防治等诸方面均存在着复杂而紧密的关联性，有人将两者合称为"硒和/或维生素 E 缺乏综合征"。

1. 病因

20 世纪 50 年代后期研究确认，硒是动物机体营养必需的微量元素，而本病的病因就在于饲粮与饲料的硒含量不足。发病群体的年龄特征本病集中多发于幼龄阶段，如雏鸡、鸭、火鸡等。这固然与幼龄畜禽抗病力弱有关，但主要还在于幼畜（禽）生长发育迅速，代谢旺盛，对营养物质的需求相对增加，对低硒营养的反应更为敏感。

2. 临床表现

硒缺乏症共同性基本症状：包括骨骼肌肌病所致的姿势异常及运动功能障碍；顽固性腹泻或下痢为主症的消化功能紊乱；心肌病所造成的心率加快、心律失常及心功不全。不同畜禽及不同年龄的个体，还各有其特征性临床表现。1~2 周龄雏鸡仅见精神不振，不愿活动，食欲减少，粪便稀薄，羽毛无光，发育迟缓，而无特征性症状；至 2~5 周龄症状逐渐明显，胸腹下出现皮下水肿，呈蓝（绿）紫色，运动障碍表现喜卧，站立困难，垂翅或肢体侧伸，站立不稳，两腿叉开，肢体摇晃，步样拘谨、易跌倒，有时轻瘫；见有顽固性腹泻，肛门周围羽毛被粪便污染。如并发维生素 E 缺乏，则显现神经症状。

3. 病理变化

以渗出性素质，肌组织变质性病变，肝营养不良，胰腺体积缩小及外分泌部变性坏死、淋巴器官发育受阻及淋巴组织变性、坏死为基本特征。

渗出性素质心包腔及胸膜腔、腹膜腔积液，是多种畜禽的共同性病变；皮下呈蓝（绿）紫色水肿，则是雏鸡的剖检特征。骨骼肌变性、坏死及出血所有畜禽均十分明显。肌肉色淡，在四肢、臀背部活动较为剧烈的肌群，可见黄白、灰白色斑块、斑点或条纹状变性、坏死，间有出血性病灶。某些幼畜（如驹）于咬肌、舌肌及膈肌也可见到类似的病变。心肌病变仔猪最为典型，表现为心肌弛缓，心容积增大，呈球形，于心内、外膜及心肌切面上见有黄白、灰白色点状、斑块或条纹状坏死灶，间有出血，呈典型的"桑葚心"外观。胃肠道平滑肌变性、坏死十二指肠尤为严重。肌胃变性是病禽的共同特征，雏鸡尤为严重，肌胃表面尤其切面上可见大面积地图样灰白色坏死灶。肝脏营养不良、变性及坏死仔猪、雏鸭表现严重，俗称"花肝病"。肝脏表面、切面见有灰、黄褐色斑块状坏死灶，间有出血。胰腺雏鸡胰腺的变化具有特征性。眼观体积小，宽度变窄，厚度变薄，触之硬感。病理组织学所见为急性变性、坏死，继而胞质、胞核崩解，组织结构破坏，坏死物质溶解消散后，其空隙显露出密集、极细的纤维并交错成网状。在雏鸭和仔猪，也见有类似病变。淋巴器官胸腺、脾脏、淋巴结（猪）、法氏囊（禽）可见发育受阻以及重度的变性、坏死病变。

4. 诊断

依据基本症状群，结合特征性病理变化，参考病史及流行病学特点，可以确诊。对幼龄畜禽不明原因的群发性、顽固性、反复发作的腹泻，应给以特殊注意，进行补硒治疗性诊断。

5. 预防

在低硒地带饲养的畜禽或饲用由低硒地区运入的饲粮、饲草时，必须普遍补硒。当前简便易行的方法是应用硒饲料添加剂，硒的添加量为 0.1~0.2 毫克/千克。

第八节　中毒性疾病

一、T-2 毒素中毒

T-2 毒素是单端孢霉烯族化合物中的主要毒素之一。T-2 毒素中毒以拒食、呕吐和腹泻等胃肠炎症状以及出血性素质为主要临床特征。

1. 临床表现

鸡中毒后生长发育缓慢，鸡冠和垂肉浅淡或发绀，食欲大减或废绝，胃肠机能障碍，唇、喙、口腔、舌及舌根乳头、嗉囊和肌胃糜烂、溃疡和坏死。腹泻，体温升高，肉鸡增重降低，瘦弱以及后期的广泛性出血，并出现异常姿势等各种神经症状。

2. 病理变化

畜禽剖检均以口腔、食管、胃和十二指肠炎症、出血、坏死等为主要病变。同时肝脏、心肌、肾脏等实质器官出血、变性和坏死。病理组织学检查，淋巴结、胸腺、法氏囊（禽）、骨髓等组织细胞呈严重的退行性变化，与放射病损伤近似。

3. 诊断

根据流行病学、临床症状、血液学检验和病理变化等特点，可建立初步诊断。必要时，可进行真菌毒素中毒病的一系列检验，

4. 治疗

T-2 毒素中毒与其他真菌毒素中毒一样，尚无特效药物。当怀疑 T-2 毒素中毒时，除立即更换饲料外，应尽快投服泻剂，清除胃肠道内的毒素。同时，要静脉注射高渗和等渗葡萄糖溶液、乌洛托品注射液和强心剂等，施行对症治疗。

5. 预防

本病的综合性预防措施，基本上同玉米赤霉烯酮中毒，可参照应用。

二、黄曲霉毒素中毒

黄曲霉毒素是黄曲霉等真菌特定菌株所产生的代谢产物，广泛污染粮食、食品和饲料。黄曲霉毒素中毒是其靶器官肝脏损害所表现的一种以全身出血、消化障碍和神经症状为主要临床特征的中毒病。

自1960年英国发现"火鸡的X病"，即黄曲霉毒素中毒病以来，美国、巴西、前苏联、印度、南非等国家相继发生。我国江苏、广西壮族自治区、贵州、黑龙江、天津、北京等省（市、区）也相继见有畜禽发病的报道。

1. 病因

致病因素为黄曲霉毒素。但现今研究证实，只有黄曲霉和寄生曲霉能产生黄曲霉毒素。而且，自然界分布的黄曲霉中，仅有10%菌株能产黄曲霉毒素。产毒菌株的比例，近年有明显上升的趋势。黄曲霉毒素的分布范围很广，除粮食、饲草、饲料外，在肉眼看不出霉败变质的食品和农副产品中，也可检测出。花生、玉米、黄豆、棉籽等作物及其副产品易感染黄曲霉，含黄曲霉毒素量较多。

2. 临床表现

患病雏鸡食欲丧失，步态不稳，共济失调，颈肌痉挛，在角弓反张状态下急性死亡。雏鸡较为敏感，冠色浅淡或苍白，腹泻的稀粪中常混有血液。成年鸡多为慢性中毒，呈现恶病质，产蛋率和孵化率降低，伴发脂肪肝综合征。

3. 病理变化

中毒家禽，肝脏有特征性损害。急性型，肝脏肿大，弥漫性出血和坏死。亚急性和慢性型，肝细胞增生、纤维化和硬变。病程在 1 年以上的，常出现肝细胞瘤、肝细胞癌或胆管癌。

4. 治疗

无特效解毒药物和疗法。应立即停止饲喂致病性可疑饲料，改喂新鲜全价日粮，加强饲养管理。重症病例，可投服人工盐、硫酸钠等泻药，清理胃肠道内的有毒物质。同时注意解毒、保肝、止血、强心，应用维生素 C 制剂进行对症治疗。

5. 预防

要点在于饲料防霉、去毒和解毒 3 个环节。

三、铜中毒

动物因一次摄入大剂量铜化合物，或长期食入含过量铜的饲料或饮水，引起铜在体内过多蓄积，称为铜中毒。临床表现为腹痛、腹泻、肝机能异常和溶血危象。鸡喂给含 800～1 600毫克/千克铜的日粮，表现生长缓慢，贫血，病死率有时可达 30%以上。

诊断急性铜中毒可根据病史，结合腹痛、腹泻、贫血而作出初步诊断。饲料、饮水中铜含量测定有重要意义。慢性铜中毒诊断，可依据于肝、肾、血浆铜浓度及某些含铜酶活性测定。鸡饲料中铜浓度 > 250 毫克/千克，可作进一步诊断。

铜中毒的治疗原则是，立即中止铜供给，迅速使血浆中游离铜与白蛋白结合，促进铜排出体外。对亚临床中毒及经用硫钼酸钠抢救脱险的病畜，可在日粮中补充 100 毫克钼酸铵、0.2% 的硫黄粉，拌匀饲喂，连续数周，直至粪便中铜含量接近正常水平后停止。预防鸡饲料中补充铜的同时，应补充锌 200 毫克/千克、铁 80 毫克/千克，以减少铜中毒概率。

四、食盐中毒

发病原因主要是饲料中食盐添加量过多，或采食了含盐多的鱼粉、肉粉、酱渣，或在饮水中添加了食盐以及过度限制了饮水等因素。鸡发生食盐中毒时，疾病的严重程度，取决于食盐的采食量和时间的长短。轻的表现为口渴、食欲减少、精神不振、生长发育受阻，严重者食欲废绝、极度口渴、嗉囊扩张膨大、口鼻流出黏性分泌物、运动失调。有的出现神经症状，后期呼吸困难，抽搐、衰竭而死。雏鸡发生食盐中毒时出现大批量死亡。剖检发现嗉囊中充满黏液性液体，黏膜脱落。腺胃黏膜充血，表面有时形成假膜。小肠发生急性卡他性肠炎或出血性肠炎，黏膜充血发红，有出血点。有时可见皮下组织水肿，腹腔和心包囊中有积水，肺发生水肿。心脏有出血点，肾脏肿大。发现食盐中毒时立即停喂食盐、含盐多的饲料或饮水，大量供给患鸡清洁饮水，中毒不严重者可以恢复。平时注意饲料或饮水中添加食盐量不能过量。

五、一氧化碳中毒

多发生于育雏期，由于育雏室内通风不良或煤炉未装置烟筒或烟筒火道漏气等因素急性中毒的症状为病雏不安、嗜睡、呆立、呼吸困难、运动失调。随后病雏不能站立、倒于一侧、头向后伸。临死前发生痉挛和惊厥。亚急性中毒时，病雏羽毛松乱、食欲减少、精神委顿、生长缓慢。急性中毒主要变化是肺和血液呈樱桃红色。育雏室用煤炉和火道取暖时，最好有排放煤气的烟囱，避免用明火炉供温装置，并防止烟囱和火道煤气泄漏。雏鸡一旦有中毒现象，应立即打开窗户，加强通风，同时也要防止雏鸡受凉。轻度中毒的雏鸡会很快恢复。

六、氨气中毒

氨气中毒主要是由于鸡舍内的粪便、饲料、垫料等腐烂分解产生大量氨气的结果，尤其是鸡舍潮湿、肮脏等环境会促进氨气的产生。管理不善，鸡舍通风不良，可使禽舍氨气含量大增，鸡只将氨气吸入呼吸道，刺激气管、支气管使之发生水肿、充血、分泌黏液充塞气管等变化；氨气还可损害呼吸道黏膜上皮，使病原菌易于侵入；氨气吸入肺部，则通过肺泡进入血液与血红蛋白结合，降低血液的携氧功能，导致贫血等变化，引起中毒。

临床表现为精神沉郁，食欲缺乏或废绝，喜饮水，鸡冠发紫，口腔黏膜充血，流泪，结膜充血，部分病鸡眼睑水肿或角膜混浊，部分鸡可表现伸颈张口呼吸。临死前出现抽搐或麻痹。中毒病鸡多位于鸡笼上层，而且距门窗越远，鸡的死亡率越高。病鸡消瘦，皮下发绀。尸僵不全，血液稀薄色淡。鼻、咽、喉、气管黏膜、眼结膜充血、出血。肺淤血或水肿，心包积液、脾微肿。肾脏变性，色泽灰白。肝大，质地脆弱。在慢性中毒病例胸腹腔可见到尿酸盐沉积。

鸡群一旦发生氨中毒，应立即开启病鸡舍全部通风换气设备和门窗，进行强制性通风换气，力争在短时间内使舍内氨气浓度降至 25 毫克/千克以下，或根据鸡群中毒程度考虑更换鸡舍。

为防止氨气中毒发生，可采取下列措施：加强通风管理：鸡舍要安装通风换气设备，并根据情况定时开启。控制鸡群饲养密度：舍内鸡群饲养密度越大，越易引起舍内氨气浓度超标。所以，舍内鸡只密度应合理，一般冬季密度可适当高些，夏季密度可适当低些。切断舍内产生氨气之源：要勤于打扫，定期清除粪便，保持舍内清洁卫生。为防止鸡舍潮湿，可按鸡只比例放置饮水器并旋转合理位置，及时通风换气，在舍内垫料潮湿处用生石灰吸湿或用干木屑吸湿，从而降低鸡舍内湿度，减少氨气的产生。

七、磺胺类药物中毒

磺胺类药物中毒，磺胺类药物是一类化学合成的抗菌药物。有着较广的抗菌谱，对某些疾病疗效显著，性质稳定易于储藏，特别是药品生产不需消耗粮食，结合我国兽医具体情况，适于更为广泛地使用此类药物。但是，此类药物的副反应比用抗生素稍多，甚至引起中毒。

临诊上常用的磺胺药剂分为两类。一类是肠道内容易吸收的如磺胺嘧啶（SD）、磺胺二甲基嘧啶（SM2）、磺胺间甲氧嘧啶（SMM）、磺胺喹曝啉（SQ）和磺胺甲氧嗪（SMP）等；另一类是肠内不易吸收的如磺胺脒（SG）、酞磺胺噻唑（PST）及琥珀酰磺胺噻唑（SST）等。前一类药物比较容易引起急性中毒。

在防治家禽寄生原虫病中，常用 SMM、SM2 和 SQ 等这一类药。用药过程中，要求必须使用足够的剂量和连续用药，才能收效，否则原虫容易产生抗药性，并将这种抗药性能遗传好几代。有些磺胺药的治疗量与中毒量又很接近。因此，用药量大或持续大量用药、药物添加饲料内混合不均匀等因素都可能引起中毒。

中毒后病仔鸡表现抑郁，羽毛松乱，厌食，增重缓慢，渴欲增加，腹泻，鸡冠苍白，有时头部肿大，呈蓝紫色，由于局部出血造成。凝血时间延长，血液中颗粒性白细胞减少，溶血性贫血。有的发生痉挛、麻痹等症状。成年母鸡产蛋量明显下降，蛋壳变薄且粗糙，棕色蛋壳褪色，或者下软蛋。有的出现多发性神经炎和全身出血性变化。

血液凝固不良，皮肤、肌肉、内部脏器广泛出血。胸部和腿部皮肤、冠、髯、颜面和眼睑均有出血斑。胸部和腿部肌肉有点状出血或条状出血。心外膜和心肌有出血点。肝肾肿大，有散在出血点，肝脏黄染，脾脏肿大出血、梗死或坏死。腺胃浆膜和黏膜出血。肌胃角质膜下出血。肠道浆膜和黏膜可见出血点或出血斑。骨髓呈淡红色或黄色。肾脏苍白，输尿管增粗，内积有大量白色尿酸盐。

为了防止用磺胺药引起鸡群中毒，应严格选择好适宜的毒性小的磺胺药，控制好剂量、给药途径和疗程，并在给药期间增加饮水量，保证供应适宜温度的饮水。

八、甲醛中毒

甲醛作为一种消毒剂，能使蛋白质变性，呈现强大的杀菌作用，主要用于各种物品的熏蒸消毒，也可用于浸泡消毒和喷洒消毒，能杀死繁殖型细菌，且能杀死芽孢、病毒和真菌。但是如果使用不当，就会引起甲醛中毒。

急性中毒时，鸡精神沉郁，食欲、饮欲均明显下降，眼流泪、怕光、眼睑肿胀。流鼻涕、咳嗽、呼吸困难，甚至张口喘息，严重者产生明显的狭窄音。排黄绿色或绿色稀便。往往窒息死亡。慢性中毒时，鸡精神沉郁，食欲减退，软弱无力，咳嗽，有啰音。

预防方法为应在进鸡前 7 天对鸡舍进行熏蒸消毒，密封消毒 1 天后，要通风排净余气，提高鸡舍温度，无刺激性的气味时，方可进雏；严禁带鸡消毒。如发生中毒，立即将鸡群转移到无甲醛气体的鸡舍，加强通风和保温，配合广谱抗菌药物治疗。

主要参考文献

[1] 陈溥言. 兽医传染病学（第五版）. 北京：中国农业出版社，2006.

[2] 孔繁瑶. 家畜寄生虫学（第二版）. 北京：中国农业大学出版社，1997.

[3] 李普霖. 动物病理学. 长春：吉林科学技术出版社，1994.

[4] 李祥瑞. 动物寄生虫病彩色图谱. 北京：中国农业科学技术出版社，2011.

[5] 李允鹤. 寄生虫免疫学及免疫诊断. 南京：江苏科学技术出版社，1991.

[6] 刘约翰，赵慰先. 寄生虫病临床免疫学. 重庆：重庆出版社，1993.

[7] 马国文，霍晓伟，毛景东等. 禽病学. 吉林：长春出版社，2009.

[8] 马学恩. 家畜病理学（第四版）. 北京：中国农业出版社，2007.

[9] 沈继隆. 临床寄生虫和寄生虫检验（第二版）. 北京：人民卫生出版社，2002.

[10] 汪明. 兽医寄生虫学（第三版）. 北京：北京农业大学出版社，2003.

[11] 赵辉元. 家畜寄生虫与防制学. 长春：吉林科学技术出版社，1996.

[12] 张宏伟，杨廷桂. 动物寄生虫病. 北京：中国农业出版

社，2006.

［13］张西臣，李建华.动物寄生虫病学（第三版）.北京：科学出版社，2010.

［14］张西臣，赵权.动物寄生虫病学.长春：吉林人民出版社，2005.

［15］Dubey J p. Toxoplasmosis of Animals and Humans. 2th ed. Taylor and Francis Group，CRC，2010.

［16］Donal P. Conway and M. Elizabeth McKenzie. Poultry Cocidiosis. Diagnostic And Testing Procedures，3rd ed. Blackwell Publishing Ltd，2007.

［17］Jack Chernin. Parasitology. London，Toylor&Francis，2000.

［18］Lora Rickard Ballweber. Veterinary Parasitology. Boston，Butterworth ~ Heinemann，2001.

［19］白金海.鸡羽虱病的综合防治措施.当代畜牧，2010（9）：15.

［20］曹中东，孙建美.鸡新城疫的防控建议.畜牧兽医科技信息，2014，4：102.

［21］陈龙达，罗美鸿.鸡传染性支气管炎的诊断与防治.广西畜牧兽医，2011，27（3）：153~154.

［22］丁兆汉，陈建，丁永龙.鸡羽虱诊断与治疗.今日畜牧兽医，2010（12）：51.

［23］冯新军，石祯.畜牧与饲料科学，2014，35（2）：112.

［24］付世海.鸡病毒性关节炎的鉴别诊断.畜牧与饲料科学，2009，30（1）：186~187.

［25］高大伟，韩艳华.鸡虱和鸡螨的防治措施.黑龙江畜牧兽医.2013，3.

［26］葛乃峰，丁兆汉，陈建.鸡羽虱诊断与治疗.畜牧兽医科技信息，2010（4）：114.

[27] 郭彦军. 鸡螨病的防治. 河北畜牧兽医, 2004, 20 (9): 39.

[28] 哈斯同拉嘎. 鸡病毒性关节炎的流行特点及综合防治措施. 畜牧与饲料科学, 2013, 34 (4): 123~124.

[29] 韩文阁. 格尔木地区鸡蜱的调查与防治. 现代农业科技, 2008, 04: 176~178.

[30] 杭柏林. 禽脑脊髓炎的诊断与综合防治技术. 科学种养, 2011, 2: 45~46.

[31] 胡娟. 鸡马立克氏病诊断与防控. 畜牧与饲料科学, 2014, 35 (3): 92.

[32] 姜世金, 崔治中. 鸡传染性贫血病的防制. 兽医导刊, 2009, 4: 21~22.

[33] 刘静, 王长春, 任继武, 等. 鸡痘的流行病学调查及诊治. 山东畜牧兽医, 2013, 34: 60.

[34] 刘丽. 鸡痘的诊断及防治方法. 畜牧兽医科技信息, 2012, 5: 110.

[35] 刘娟, 陈虎, 李全宏. 鸡传染性喉气管炎的诊治. 山东畜牧兽医, 2013, 34: 26~27.

[36] 刘娟, 吉文, 汇闫芳. 鸡传染性支气管炎研究进展. 中国畜禽种业, 2007: 8~9.

[37] 刘永刚. 鸡减蛋综合征的综合防制. 兽医导刊, 2010, 1: 34~35.

[38] 李兰巧. 辨证施治鸡螨虫病. 养禽, 2013, 04: 101~102.

[39] 李晓刚. 鸡病毒性关节炎的防治要点. 畜牧兽医科技信息, 2009, 3: 91.

[40] 林立丰, 张紫虹, 刘礼平, 等. 广东省家蝇抗药性状况及其对策. 中国媒介生物学及控制杂志, 1999, 10 (1): 21~23.

［41］李有业.防治肉用仔鸡肿头综合征的新措施.当代畜牧，2010，1：14~15.

［42］李中习.肉鸡黏膜型鸡痘诊治.四川畜牧兽医，2014，1：56.

［43］刘东，杜元钊，李彬，等.肉种鸡肿头综合征的流行调查及防制措施.中国家禽，2011，33（10）：45~46.

［44］刘仁磊，张光伟.鸡肿头综合征的诊断及防治.养殖技术顾问，2010，4：103.

［45］刘文韬.鸡螨虫的流行及螨病的诊治.2011，7：108.

［46］刘婷.禽网状内皮组织增殖病的诊断与防控.畜牧与饲料科学，2009，30（11~12）：5.

［47］刘兴旺.禽流感及流行病学概述.中国畜牧兽医文摘，2014，30（1）：109~110.

［48］马尔格．鸡马立克氏病防制.四川畜牧兽医，2014，3：49~50.

［49］马飞，薛丽红，张红梅，等.鸡病毒性关节炎的诊断及防控措施.畜牧与饲料科学，2012，33（7）：127~128.

［50］马莉萍.鸡减蛋综合征及防治.中国畜禽种业，2009，8：95.

［51］宁秀云，王久成.鸡传染性喉气管炎的诊治.黑龙江畜牧兽医，2013，3：79.

［52］齐岩，张贺楠，刘有昌.禽白血病的危害及防控.家禽科学.2010，6：5~9.

［53］秦爱建.禽白血病的流行与防控.兽医导刊，2011，12：37~38.

［54］丘丽玲，翁亚彪，朱兴全.我国家禽寄生虫病流行现状及防控对策.中国家禽，2008，30（12）：7~11.

［55］孙长春.鸡传染性支气管炎的诊断与防治.畜牧与饲料科

学，2009，30（11）：105～107.

［56］孙进军，朱改玲.鸡马立克病的危害及防控措施.畜牧与饲料科学，2014，35（4）：105～106.

［57］孙永亮.鸡新城疫防控要点.畜牧与饲料科学，2013，34（3）：121～122.

［58］谭中良.鸡传染性法氏囊炎的防治.畜牧与饲料科学，2008，29（2）：126.

［59］王宏刚，朱玉俭.传染性支气管炎与几种常见鸡病的鉴别诊断与防治.中国畜禽种业，2011，2：147～148.

［60］王居平，黄南兴，潘小林.鸡螨病的综合防制.中国家禽，2005，27（17）：54～56.

［61］王亮，王刚，常维山.鸡传染性贫血病的研究进展.兽医导刊，2009，4：25～26.

［62］王明福，薛万琦.蝇类漫淡.生物学通报，2003，38（8）：13.

［63］王慎，间维鸣，杨泽.鸡波斯锐缘蜱的调查及防治.养禽与禽病防治，1985，（04）：33～34.

［64］王自加.鸡传染性法氏囊病的诊治.畜牧与饲料科学，2009（4）：108～109.

［65］温世海.鸡跳蚤的防治.农家顾问，2001，3：34.

［66］吴鹏.肉鸡禽流感的防治.中国畜牧兽医文摘，2012，28（12）：191～192.

［67］奚壮.鸡新城疫的鉴别诊断及防止要点.畜牧兽医，2014，4：45.

［68］谢百峰，王成达，王芳.鸡病毒性关节炎的防治.吉林畜牧兽医，2013，4：45.

［69］徐爱梅.种鸡场苍蝇防制.养禽与禽病防治，1999，1：46.

［70］徐秀影，张宏业，郑伟.肉鸡鸡痘的诊治报告.养殖技术顾

问，2013，5：160.

[71] 薛凤娟，陈进，蔡晓丽.鸡减蛋综合征的诊断与防控.畜牧
与饲料科学，2010，31（5）：176.

[72] 杨建远，叶建根，翁崇鹏.鸡肿头综合征的诊断及防制.养
禽与禽病防治，2005，9：32.

[73] 杨金兴，秦卓明，傅剑.鸡肿头综合征及其研究现状.中国
家禽，2005，27（3）：30～31.

[74] 叶向利，姜焰.肉雏鸡脑脊髓炎的诊疗.河南畜牧兽医，
2009，30（6）：46.

[75] 于英华.鸡马立克氏病的综合防治.中国畜禽种业，2014，
5：150.

[76] 曾春梅，邓碧亮.鸡传染性喉气管炎的流行、临床表现与
诊治.养殖技术顾问，2014，4：118.

[77] 赵春生，董斌.鸡螨虫和蜱的防治.畜禽业，2008，
（230）：81.

[78] 张兵.鸡传染性贫血病的诊断与防控.畜牧与饲料科学，
2009，30（10）：11～12.

[79] 张宁宁，谷松至，朱晓文，等.禽流感流行病学现状及预
防措施，2014，2：51～54.

[80] 张艳旋，翁至铿，王纪茂，等.库蠓生活习性及其防治研
究.福建农业科技，1998，（2）：19～20.

[81] 张毅强.家禽主要体外寄生虫与预防控制.广西畜牧兽医，
2012，28（2）：122.

[82] 张月，兰邹然，王贵升，等.不可忽视的禽网状内皮组织
增生症病毒.中国畜禽种业，2012，10：129～130.

[83] 植建华，王鸽.鸡传染性贫血及其防治.养禽与禽病防治，
2011，9：39.

[84] 周波，周魏明，邱江.鸡传染性法氏囊病的诊治.中国畜牧

兽医文摘，2014，30（3）：164.

[85] 周红星，李炬. 鸡肿头综合征的诊治. 云南畜牧兽医，2008，5：16～17.

[86] 朱佩青，柏伟，潘国智，等. 禽白血病及其防控. 中国畜牧兽医文摘，2014，30（2）：108～123.

[87] 邹义鸿. 鸡新城疫的诊断与防治. 当代畜牧兽医，2013，9：41～42.